JN304695

神戸の住宅地物語

大海一雄
Kazuo Oumi

神戸新聞総合出版センター

はじめに

神戸には、計画的に開発された美しい郊外住宅地がたくさんあります。そしてここに住む人の数は、神戸市の全人口の約３分の１を占めています。このような大都市は、全国的にそうたくさんはありません。

なぜ、このようなたくさんの住宅地が生まれてきたのでしょうか。それには長い神戸市の町村合併の歴史があります。明治の開港以来、背後を急峻な六甲山に阻まれ、狭い市街地に悩んでいた神戸市は、周辺の町村とともに、均衡のある都市を築こうとして、合併を繰り返してきました。殊に戦後に合併した北区と西区には、いま大きなニュータウンが生まれ、やっと人口配置で均衡のある都市になってきました。

この本は、個々の住宅ではなく、一定以上の広がりのある住宅地を採りあげます。現在の住宅地の考察が中心となりますが、どうしても住宅地の歴史に入れたくなるような、ユニークな住宅地が戦前にはたくさんありました。

さらに神戸で住宅や住宅地に触れるときには、忘れてはならないものに、現存するわが国最古の箱木の千年家があります。このように遡っていくと、弥生時代の高地性の住居址にまで行き着きます。なんと西神《せいしん》ニュータウンやその周辺には、2000年前に先住民が住んでいたことになり、大変面白いですが、紙数の都合もありそこまで話題を広げるつもりはありません。

しかし少し昔のことでも、わからないことがたくさんあります。計画的な住宅地が多い神戸電鉄沿線には、「山の街」や「鈴蘭台」のように、旧の村や字《あざ》名によらない新しい駅や住宅地の名前があります。「鈴蘭台駅」は公募して決めたことになっていますが、詳しい資料がありません。私は駅名より住宅地名の方が先だったのではないか、と思っています。

また垂水《たるみ》には「クラブ前」というバス停があって、何の倶楽部か気になっていましたが、調べるうちに、ここにはかつて、クラブハウスを持った別荘地があったことがわかりました。

このように、まだ調べなければならないことがたくさんあります。

いま郊外住宅地は、ジャーナリズムが「ニュータウンからオールドタウンになった」と言うように、高齢化や人口の流出が起こっています。しかし、当時の最高の知恵を絞って開発された住宅地は、いま緑豊かな成熟した住宅地になっています。そこで今後の住宅地を考えるためにも、歴史に学び現状を知ることが大切だと思われます。

前著『西神ニュータウン物語』と『須磨ニュータウン物語』は、両ニュータウンについて細かく見てきましたが、この本では神戸の住宅地をさらに広く、深く見ていきたいと思っています。この本が、神戸の郊外住宅地に住む人たちにとって、地域に関心を持っていただけるきっかけになれば、これにまさる喜びはありません。

大海　一雄

神戸の住宅地物語　目次

はじめに ……… 1

1　神戸の住宅地前史 ……… 7

現存する最古の民家…箱木の千年家　7　美しい農村集落…平野町黒田　8　兵庫津の町家　9　三田藩の城下町…ニュータウンのルーツは城下町　10　三田藩と神戸　12

2　神戸の住宅地開発の胎動 ……… 15

北野の異人館街　15　日本人が開発…住吉・御影の住宅地　16　原田の森の宣教師の住宅地　17　六甲山の住宅地　19　大正デモクラシーの住宅地…佐藤春夫と西村伊作　22　深江の文化村　24　阪急岡本の分譲地　27　岡本にあった好文園　28　住宅地としての須磨・舞子　29　大部分の市街地は区画整理で　30　計画的な住宅地としての社宅…鐘紡の社宅　32　塩ヶ原の住宅地　33

3　昭和初期から終戦まで ……… 37

裏山の開発　37　神戸電鉄と北神の開発　38　鈴蘭台で健康住宅展覧会　41　なぜか山陽電鉄の社史に鈴蘭台が　43　山陽電鉄の分譲地　44　垂水のバス停「クラブ前」の謎　46　ジェームス山　49　神戸市近郊の区分調査　51　重池の公設住宅　54　不良住宅地区の改良　54　新都市建設構想と用地の買収　55　戦後のニュータウン開発の人脈できる　56

4　戦後の住宅地開発 ……… 59

市の復興計画がその後の神戸を決める　59　“神有電鉄”は神戸駅につながる計画だった　60　町村の大合併　61　六甲ハイツ…連合軍

家族用住宅地　63　住宅公団の“みかげ住宅”　64　昭和30年代の住宅地開発　65　背山総合開発計画　67　鈴蘭台土地区画整理事業　68

5　団地からニュータウンへ……71
玉津土地区画整理事業　71　昭和40年のマスタープラン　71　団地かニュータウンか　72　北神地域総合基本計画…市街化地域と分区構想　74

6　人口からみた神戸の住宅地……77
対象とした58団地　77　いつ、どこに団地ができたか　80　全市の人口と団地人口　82　区毎の団地人口　84　団地人口からみた北区と西区　85　団地の規模比べ…20団地の抽出　87

7　主要20団地の人口推移……89
神戸市の人口動向　89　人口が増加している団地　89　高齢者が多い団地と少ない団地　90　子どもの多い団地と少ない団地　92　高齢化率も若年率も低い不思議な団地…大津和　92　20団地の人口動向（①西神中央　②西神南ニュータウン　③落合　④新多聞　⑤名谷　⑥学園都市　⑦六甲アイランド　⑧藤原台　⑨ポートアイランド　⑩玉津・出合　⑪明舞　⑫山の街　⑬池上　⑭北五葉・南五葉　⑮神戸北町　⑯西神戸ニュータウン　⑰舞子台　⑱有野台　⑲鹿の子台　⑳北鈴蘭台）　93

8　阪神淡路大震災と新住宅開発地……111
郊外住宅地が多くの住民を救った　111　仮設住宅用地となった新開発地　112　西北神へ震災による人口移動　113

9　神戸の住宅地に系譜はあるか……115
新都市開発へ絶え間ない意欲　115　電線の地下埋設　117　輸入住

宅 119　近隣住区 120　緑道の変遷…人と車の関係 121　小部経営地でクルド・サック（袋小路）発見 123　クルド・サックの導入 124　コモン・グリーン（共有緑地） 126

10　住宅地の名前 ……… 129
「北神」の名前のルーツは 129　鈴蘭台の駅名は公募したか 130　鈴蘭“台”の不思議 132　住宅地の名前はどこから来たか 133　いろんな名前の団地 134　団地名の変遷 135　団地名と町名が一致しない団地 136

11　住宅地・路上探検 ……… 139
古墳を囲む団地…天王山（西区）／神社を囲む団地…若宮団地（西区）／舞多聞（垂水区）／ナスカ絵のような団地／不思議な道路の線形／唐櫃団地（北区）のロータリー／“西神動物園”／西神楽器店／学園都市でバードウォッチング／団地の高さ比べ／神鉄六甲駅／神鉄道場駅／鹿の子台（北区）のビル群／斜面住宅のオンパレード／立体的な“住宅地”としてのマンション／野外彫刻展

12　むすび ……… 155
豊かな住宅地開発の歴史がある 155　良い住宅地の勧め 155　神戸の団地の特徴 156　人口動向から見た郊外住宅地のいま 157　これからの郊外住宅地 158　ニュータウンからヴィンテージタウンへ 159　住宅都市神戸へ 160

「神戸の住宅地と住宅」関連年表 ……… 162
参考文献 ……… 166

あとがき ……… 169

本文中の敬称は、原則として略しました。

1　神戸の住宅地前史

現存する最古の民家…箱木の千年家

神戸で住宅について述べるときに忘れてはならないものに、箱木の千年家があります。この住宅は、江戸時代からすでに千年家としてかなり知られ、『摂津名所図会』にも出ています。明治 44 年（1911）出版の『西摂大観』には「一千百年前建築の民家（千年家）」として「山田の千年家といへばこの附近で有名なもので、百年以前に出版された摂津名所図会にも記されてある。日本全国社寺でなく普通の民家で、一千年以前建築のものは他に殆どないものである」と紹介しています（注 1）。

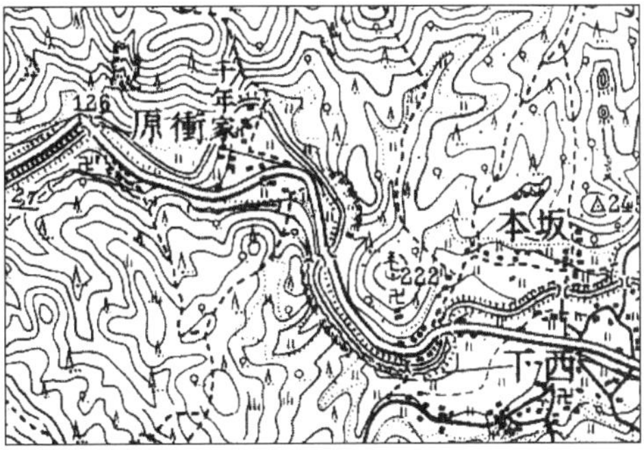

図1　箱木千年家位置図（地理調査所　昭和26年）

昭和 30 年頃からの呑吐《どんと》ダムの建設にともなって水没するので、専門家が調査すると、約 400 年以上も前の、室町時代のものとわかりました。1 千年には届きませんでしたが、それでもこの民家は現存するわが国最古の民家の一つです。

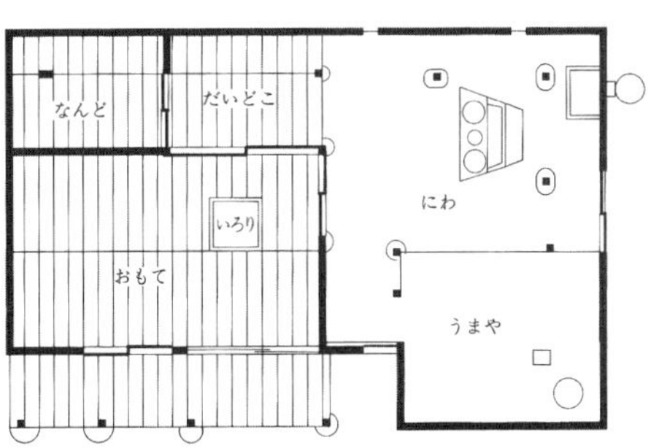

図2　箱木千年家平面図（調査報告書より）

箱木の千年家。覆いかぶさるような大きな屋根、壁が多くて閉鎖的

移築された現存の住宅を見ると、茅葺屋根の軒の出は深く、軒先では頭がつかえそうです。窓などの開口部は大変狭く、現代の開放的な住宅からはとても想像できないような閉鎖的な住宅です。当時の世相からか、大変防犯的で、しかも“冬を旨としたような”防寒的な住宅になっています（注２）。

このように六甲山の北側には、いまでもたくさんの茅葺の民家が残っていて、大都市の近郊としては大変珍しいことです。

美しい農村集落…平野町黒田

計画的につくられた幾何学的な住宅地ではありませんが、期せずしてつくられた、美しい住宅地がわが国にはたくさんあります。その中のいくつかは、伝統的建造物群保存地区に指定されていまでも見ることができます。

神戸の西区や北区には、自然発生的に生まれたと思われる村落に、はっとするような美しい景観を持つものがたくさんあります。そのいくつかは、

図3　集落概要（左）と住居群（「神戸の茅葺民家・寺社・民家集落」より）

農村景観保全形成地域として指定されています。

西神ニュータウンのすぐ傍の明石川沿いに、黒田という歴史のある集落があります。かつては水が流れていた溝を中心に、狭いけれどもなぜか懐かしい道があり、ニュータウンでは珍しい突き当たりの道があって、意外性のある景観となっています。イギリスのニュータウンは、中世の農村の景観に学んでつくられていると言われていますが、わが国では残念ながら農村に学んだ住宅地の計画は見当たりません。

平野町黒田。道の突き当りに公会堂が見える

農村集落は、仕事場と住居が同じところで行われるので、今日でいう住宅地には当てはまりませんが、かえってニュータウンにはない、自然な美しい景観となっています。

兵庫津の町家

一方、六甲山の南側は、数次の戦乱のために、古い建物などはほとんど残っていません。その中で、17世紀の兵庫津の絵図があります。兵庫津は平清盛が開いたとされる港で、その後も大変栄えました。この絵図を見ますと、屋根が3種類あることに気が付きます。瓦葺は寺院で、あとは農家のような茅葺と、石を

図4 「摂津名所図会」に描かれた兵庫津（神戸市教育委員会提供）

載せている板葺です。

詳しく見ると、町民の生活がわかります。道に向かって、通り庭と商品を並べる“ばったり”という折りたたみの台が見えます。ほぼこのような港の様子のまま、神戸の開港を迎えたものと思われます。

三田《さんだ》藩の城下町…ニュータウンのルーツは城下町

わが国のニュータウンには、一戸建ての住宅が延々と続いています。四角か長方形の敷地の真ん中に、一戸建ての住宅を建てるのが庶民の夢となってきました。これは、武家屋敷の住宅形式を踏襲しているものと思われます。武士は、位によって広さの違う敷地を殿様から与えられて住み、毎日お城に通っていました。これは、いわば公務員宿舎のようなものでした。武家屋敷には、２戸１棟の屋敷もありましたが、ほとんどが一戸建てで、現代の人も一戸建てに憧れました。

江戸をはじめ全国の城下町は、築城を命じられてからは、お城とともに城下町が計画的につくられてきました。いまのように、住まいの用途によって住み分ける用途地域制もしっかりとあって、侍町のほか、町民は職種によって加治屋町、大工町、魚町などと分かれて住んでいました。武士階級の人数は少ないにもかかわらず、面積は膨大で、殊に江戸では丘の良い場所はほとんどが武家地でした。多くの町民は谷筋に住み、今でもその痕跡がはっきりと残っています。

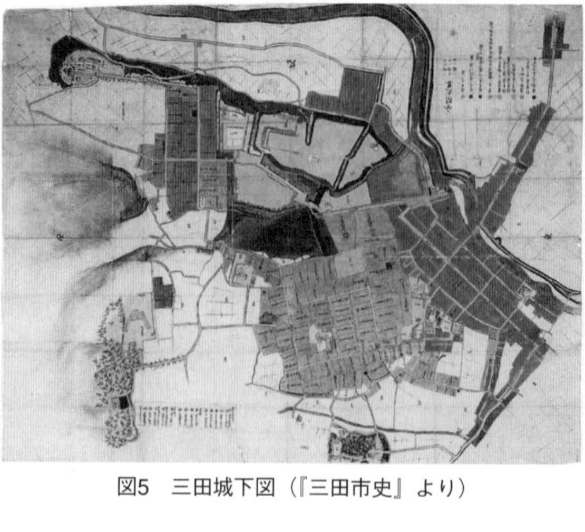

図5　三田城下図（『三田市史』より）

明治になると、藩の用地は明治政府に没収

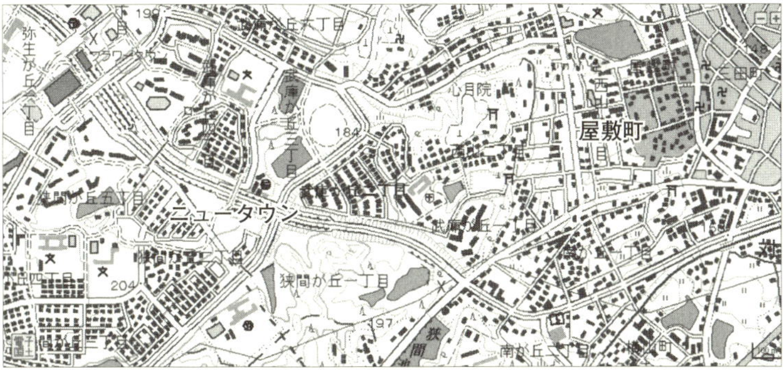

図6　旧城下町とニュータウン　国土地理院25000分の1の地図に加筆

され、多くは大学や公共的な施設に転用されました。この中で福山藩は、江戸の６万余坪の用地を利用して、住宅地経営を始めています。この住宅地は単なる分譲住宅地ではなく、明快な意図でつくられました。住宅地にするために店舗や下宿屋も認めませんでした。またその後、この住宅地の真ん中に広場を設けて、住民の憩いの場としています。この場所は、現在の東京都文京区本郷の東大前の西片で、多くの学者が住んだので学者町と言われる住宅地となりました（注３）。

神戸には城下町がありませんでしたが、近くには明石城と三田城があり、それぞれ侍町がありました。このうち、かなり侍町の原形が残っている三田の侍町を見てみましょう。幕末の城下町の地図を見ると、はっきりと町割りが残っています。お城を囲むように広い侍町があり、それぞれの敷地に住人の名前が書いてあります。封建制度の中ですから、侍の位によって敷地の広さに大きな差があります。明治に入るとこの侍町は、120人余の侍町の居住者のうち40人が、新支配階級と入れ替わったそうです。

西村伊作設計の家と元良勇次郎の石碑

この三田の城下町は、明治時

代に「屋敷町」と名前を代えて今日まで続いています。いまは、当時とはかなり様子は変わっていますが、まだその面影を強く残しています。明治時代、日本初の心理学者といわれる元良《もとら》勇次郎は、旧藩士の生まれで、その家のあった前には、記念の石柱も残されています。またここには、大正時代の有名な建築家の西村伊作が設計した家が、そのまま残っています(注4)。

この屋敷町と現在のニュータウンが、一枚に入った地図があります。武家屋敷に憧れて、敷地こそ小さくても、広さの差があまり無い“民主的な宅地”が並んでいるのがわかります。

三田藩と神戸

この三田藩と神戸とは、地理的にも人脈から見ても大変深い関係があります。明治4年（1871）の廃藩置県後は一時三田県になりましたが、すぐに第一次の兵庫県が生まれ、旧三田藩の地域や現在の神戸市の北部が有馬郡となりました。この行政区画は、昭和22年の神戸市との合併まで長く続きます。

郡にするときに、旧三田藩の名前を付けないで有馬郡としたのは、有馬が大変古くから有名だったからでしょう。有馬温泉は古くから幾度も歴史に登場し、天皇が訪れたりしましたが、殊に秀吉が愛好したことで知られています。また、神戸の北の開発は神戸電鉄に負うところが大きいのですが、それは地域の開発を目指すとともに、有馬温泉への乗客の誘致を目論んだからにほかなりませんでした。しかし、有馬へ開通した年に早くも三田へも開通しています。三田への利便性を図るとともに、古くからの地域性があったのでしょう。

ずっと後の昭和20年代になりますが、三田市と神戸市の合併話もありました。さらに、三田の北摂ニュータウンと、北神戸のニュータウンの開発がそれぞれ独自で行われていましたが、その後、神戸・三田国際公園都市として、命名し直されたときに、何となく旧有馬郡を思い出しました。

三田藩と神戸の結びつきの最大のものは、旧三田藩士たちが開港地神戸で活躍したことでした。三田藩の藩主だった九鬼隆義と、幕臣の白洲退蔵、小寺泰次郎は、廃藩置県後の藩の処理を済ませた後、開港後の神戸に進出し、土地の取引で大きな財を築きました。「士族の商法であったが、目先のきく泰次郎は神戸港の将来をみとおし、数年で独立して神戸のほとんどの土地を買収して巨万の富を築き、富豪小寺王国を出現させたのである」と『郷土 100 人の先覚者』は述べています（注５）。

小寺泰次郎は、現在の県庁の北側の相楽園に壮大な邸宅を築き、ここで謙吉が生まれます。この謙吉が、その後の神戸の政界で大活躍し、第二次世界大戦後は神戸市長として神戸の復興に尽力するのです。

「神戸のほとんどの土地を買収」したそうですから、きっと北野も含まれていたでしょう。

注１　仲彦三郎・編『西摂大観』 1911 年
注２『箱木千年家調査報告書』 1979 年
注３　山口廣・編『郊外住宅地の系譜』 鹿島出版会　1987 年
注４　田中修司『西村伊作の楽しき住家』はる書房　2001 年
注５『郷土 100 人の先覚者』兵庫県教育委員会　1967 年

2　神戸の住宅地開発の胎動

北野の異人館街

　安政の仮条約によって兵庫の開港が決まりましたが、外国人との接触で事故が懸念されたことから、神戸村での開港となりました。早速外国人居留地が建設され、外国人はここで住むことになっていました。いま唯一明治時代から残る15番館を見ると、その後の北野の異人館の原形のような間取りで、当初2階は住まいに使われていたと思われます。

　その後、外国人が増加してきたので、生田川から宇治川までを雑居地として住んでもよいことになりました。そのうちに、外国人や関係者から、居留地の山側の北野村付近の道路を整備するように要請されたために、県は東西3条、南北5条の道路を建設しました。いまのＴＯＲ（トア）ロードもその一つです。

　ここに居留地の外国人はこぞって住宅を建て、異人館街が生まれました。それまでわが国は、武士を除いて町人は、住むところと働

旧外国人居留地　15番館

北野町・萌黄の館

くところは同じでしたが、北野では初めて住むところと働くところの分離が行われ、その後の神戸の街の骨格ができました。

いま北野の異人館街は、重要伝統的建造物群保存地区となり、多くの観光客を迎えるようになりました。

日本人が開発…住吉・御影の住宅地

北野が外国人による住宅地の開発に対して、住吉・御影は日本人による住宅地開発でした。明治維新が始まってから、西洋からの技術の移入によって、大阪の工業は大変な活況を呈し、「東洋のマンチェスター」と言われるまでになりました。そのために公害がひどく、「煙の都」とも言われ、大阪の財界人は同じ摂津の国の住吉への移住を始めました。

明治５年（1872）に新橋－横浜間に鉄道が開通しましたが、その２年後の明治７年に、早くも大阪－神戸間に鉄道が開通しました。当時の駅は大阪から神崎（現在の尼崎）、西宮、住吉、三宮（現元町駅付近）、神戸で、芦屋はまだありませんでした。

折からイギリスで始まった田園都市の思想がわが国にも伝わり、阪神電鉄や箕面有馬電気軌道（現・阪急）が盛んに郊外居住を勧めました。ある医者が「住吉は健康には理想的なところ」と言ったこともあって、大阪の財界の人たちがこぞって住吉に移り住みました。この住宅地を開発したのは阿部元太郎で、自らもここに自邸を建てました。

開発といっても、計画的に道路をつくるのではなく、元からある道路をうまく利用しているので、計画的な住宅地よりずっと自然な道や路地となって、かえって素晴らしい景観となっています。この阿部元太郎はその後、大正11年（1922）に日本住宅株式会社を興し、宝塚近くの雲雀丘で彼の考える理想的な住宅地の開発を行います。

住吉の宅地は大規模なものが多く、100坪単位で購入され、当時の大阪財界を代表する住友家をはじめ、そうそうたる人たちが住み、鉄道の１等に乗って大阪へ通勤しました。別荘ではなく住宅地としたのが、鎌倉や大森などの東京との違いです。また彼らは住むだけでなく倶楽部を作り、入居者の交流を図るとともに、村会議員にも出てまちづくりにも貢献しました。その後、

小寺邸。現存していない

明治38年（1905）に阪神電車が開通し、続いて大正9年（1920）には阪急電車が開通して阪神間の住宅地は拡大しましたが、住吉・御影が阪神間の住宅地のルーツであることに変わりがありません。

いまは相続などの問題からか、大邸宅はマンションになったり、敷地が細分化されたりしていますが、なお当時の雰囲気が色濃く残っています。

原田の森の宣教師の住宅地

明治22年（1889）、原田の森に関西学院が開学しました。いまの灘区・王子動物園の西にある、神戸文学館が関学のチャペルでした。阪神淡路大震災前に耐震補強をしていたので、立派に地震にも耐えて残っています。

このチャペルの北側には、広いコモングリーン（共有地）を

関西学院発祥地の碑

原田の森キャンパスのジオラマ
（景観模型工房提供）

宣教師住宅群（「関西学院史紀要」より）

旧関西学院チャペル。
現・神戸文学館

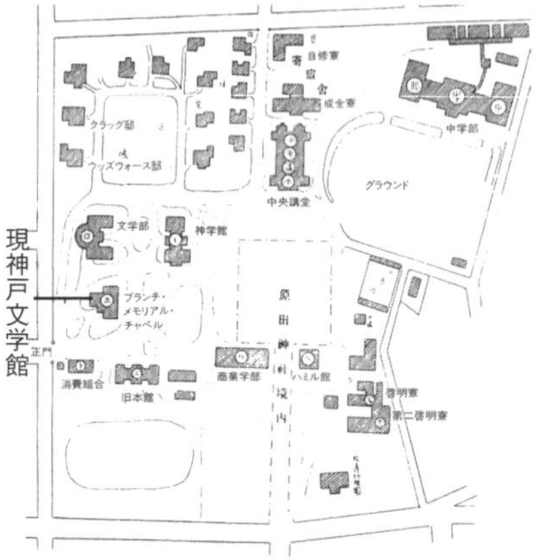

図７　原田キャンパス配置図（「関西学院史紀要」より）

囲んで宣教師の住宅が並んでいました。この住宅の形式は、アメリカの東海岸の住宅地の一つのタイプのようでした。当時はまだキリスト教は一般的ではありませんでしたので、地方から来た学生がこの広場でつどい、教師を兼ねていた宣教師の家を訪れていたものと思われます。

この当時の様子を関西学院出身の小説家・稲垣足穂は、その小説の中で

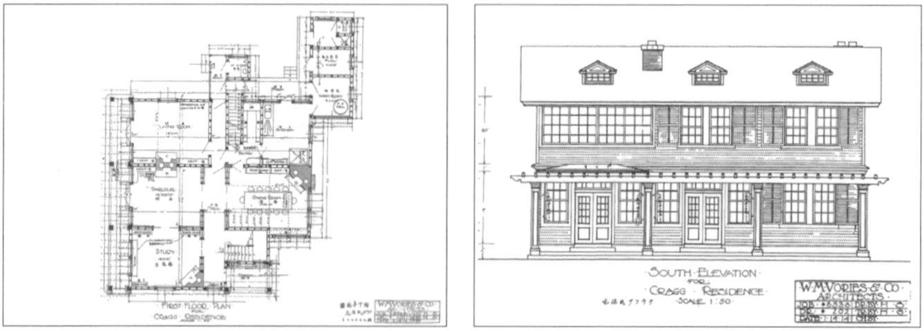

図８　原田の森の宣教師住宅（「関西学院史紀要」より）

「『アメサン』と呼ばれる、紅殻《べにがら》塗の建物が木立越しに窺《うかが》われる大きな邸宅が路の両側に跨っていて、左右の柵に沿うて木犀の大樹が並んで、秋には何処か吾々の学校を象徴する匂いを放つ小さい星状の花をいっぱいつける……」と描写しています（注6）。

この小さいけれどもユニークな住宅地を、ぜひ神戸の住宅地の歴史に入れたいと思います。

この関学の原田の森のキャンパスを設計したのは、宣教師として来日後、建築の設計で多くの名建築を残したウイリアム・メレル・ヴォーリズでした。昭和4年（1929）に、関学は西宮の上ヶ原に移転しますが、この新キャンパスもまたヴォーリズが設計しています。広場を囲んで建物を配置する方法は、原田の森の宣教師村と同じ手法でした。

六甲山の住宅地

六甲山開発の父と称されるイギリス人アーサー・ヘスケス・グルームは、六甲山をこよなく愛し、明治34年（1901）には4ホールのゴルフ場を開設しています。

明治28年（1895）には三国池付近に最初の外国人の住宅を建て、明治の終わりにはイギリス人をはじめ、ドイツ人、アメリカ人、フランス人などの40数戸の住宅が建ちました。『有野町誌』によると、50戸の外国人村は、後に日本人も加わって60戸のまちになっていったそうです。また別の資料では、100戸近くが山上に建つようになったと記述しています。いずれにしても、かなり多くの住宅が明治の終わりに建っていたようです。

また「神戸市背山総合開発計画」によると「明治末から大正のはじめにかけては、夏期に六甲山上に滞在する外国人は144人に達し、そのほかに使用人および商人219人」と居住人数について述べています。

この頃の六甲山について、明治から昭和の小説家・江《え》見《み》水陰《すいいん》は、紀行文風の小説『唐櫃山』で詳しく描写しています。主人公の松田璘治は、知人に逢うために有馬へ行く途中、摩耶山からアゴニー坂と思われる道を通って三国池付近にたどり着き、その壮大な大阪湾の風景に感激しているところから、以下の本文に続きます。

「しばし我《われ》を忙《わす》れて松田璘治《まつだりんじ》は、松樹《しょうじゅ》の下《した》から此大景《このたいけい》に對《たい》して居《ゐ》たが、何所《どこ》からか風琴《オルガン》の音《ね》の傳《つた》はり来《きた》るに肝《きも》を潰《つぶ》した。曩《さき》に谷底《たにそこ》で聴《き》いたのは、渓流《けいりゅう》の琴《こと》の音《ね》にまがうたのであつた。今山頂《いまさんちょう》で耳《みみ》にする風琴《オルガン》の音《ね》は、松《まつ》ヶ枝《え》のそれが通《かよ》ふのではあるまいかと、松田《まつだ》は気《き》を静《し》めて聴《き》くに、如何《どう》しても、風琴《オルガン》に相違《そうい》ない。訝《いぶか》しさに、松樹《しょうじゅ》の下《した》を離《はな》れて、音《ね》のする方《かた》に歩《ほ》を移《うつ》すと、山頂《さんてふ》には似合《にあ》はぬ大道《だいどう》へ出《で》た。コンクリートで塗《ぬ》り上《あ》げた壁《かべ》の如《ごと》き往来《わうらい》、これが四通《つう》八達《たつ》である。驚《おどろ》く可《べ》きは、それのみならず、行《ゆ》けば行《ゆ》く程開《ほどひら》け渡《わた》つて、其所《そこ》にも此所《ここ》にも木造《もくぞう》ながら西洋館立並《せいようかんたちなら》び、元居留地《もときょりゅうち》の一部《ぶ》を引移《ひきうつ》したる観《くわん》。これは何事《なにごと》ぞ。千数《すう》百尺《しゃく》の高所《こうしょ》、石切男《いしきりおとこ》すら此所《ここ》までは来《きた》らざる山上《さんじょう》に、何時《いつ》の間《ま》に何者《なにもの》が此《こ》の一廓《くわく》を造《つく》つたか。松田《まつだ》は夢《ゆめ》に見る心地《ここち》、合點《がてん》の行《ゆ》かぬのも其頂上《そのてうじょう》である。西洋館《せいようかん》はいづれも廣々《ひろびろ》と庭園《ていえん》を圍《かこゐ》入れ、泉水《せんすゐ》あり、築山《つきやま》あり、小亭《あづまや》あり、花室《くわしつ》あり、運動場《うんどうば》あり、練馬場《れんばじょう》あり、電燈《でんとう》の柱、水道《すいどう》の管《かん》、何《なに》から何《なに》まで設備《せつび》が行届《ゆきとど》いて居《ゐ》て、平地《へいち》ですらも之《これ》までに、完全《くわんぜん》して居《ゐ》る市街《しぐわい》は多《おお》く無《な》い。唯驚《ただおどろ》くの他は有《あ》らぬのだ。扨《さて》は外人《ぐわいじん》が邦人《ほうじん》の名儀《めいぎ》を以《もつ》て此土地《このとち》を買入《かいい》れ、冬《ふゆ》は元《もと》より雪《ゆき》を戴《いただ》く山上《さんじょう》、夏《なつ》のみ此所《ここ》に避暑《ひしょ》の村《むら》、其為《そのな》す事《こと》の大仕掛《おおじかけ》なのに、驚《おどろく》よりも感《かん》ぜざるを得《え》ない。英人《えいじん》もあらう、佛人《ふつじん》もあらう、獨《どく》、露《ろ》、米《べい》、伊《い》、國々《くにぐに》の集合勢《しゅうごうぜい》それが團結《だんけつ》して、山上《さんじょう》に一小市《しょうし》を造《つく》つたのに、同《おな》じ神戸《かうべ》の市民《しみん》で有《あ》りながら、個々別々《ここべつべつ》の別荘《べっそう》を、須磨《すま》や舞子《まいこ》の鉄道線路《てつどうせんろ》に沿《そ》うて建《た》てゝ、午《ご》

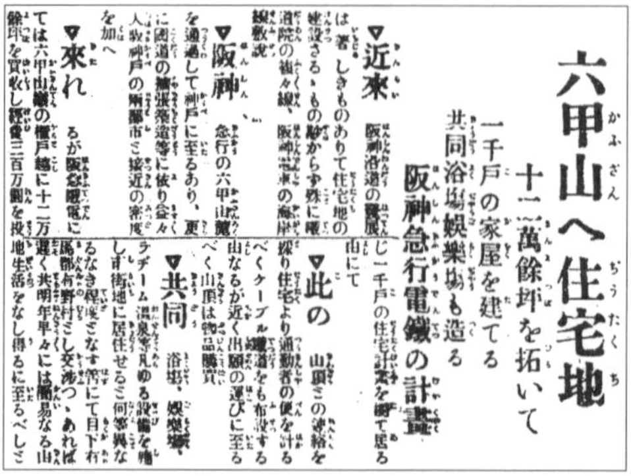
六甲山《かふざん》へ住宅地《ぢうたくち》

十二萬餘坪を拓いて

一千戸の家屋を建てる

共同浴場娯樂場も造る

阪神急行電鐵の計畫

神戸又新日報　大正９年２月４日

睡《すい》に過《すご》す徒《と》の夢《ゆめ》の覺《さ》めぬのに競《くら》べたら、実《じつ》に雲泥《うんでい》の相違《そうい》と云《い》はなければならぬ」

と、欧米とわが国の住宅地の造り方まで言及しています（注7）。

六甲山上の101番館（神戸市文書館蔵）

阪神電鉄はこの六甲山に目をつけ、明治43年（1910）には「阪神電鉄のケーブルカー計画」として「大石または住吉駅より外人住宅の密集せる唐櫃六甲をへて有馬に通ずるケーブルカーを敷設せんと目論んで」いました（原文通り）（注8）。

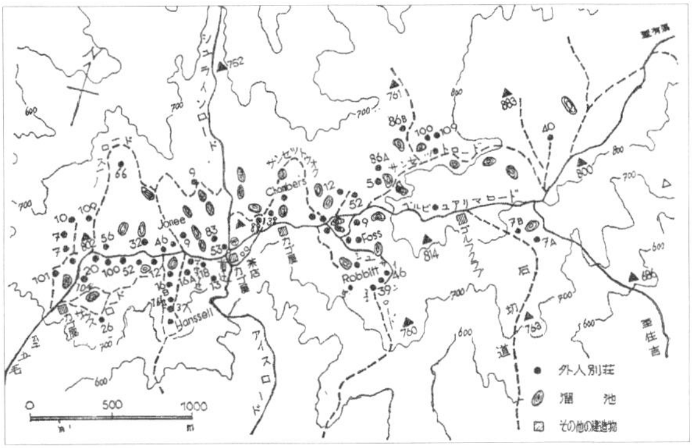

図9　明治末期の六甲山頂集落と地形との関係
（「六甲山地の観光・休養地化について」より）

大正9年2月4日の「神戸又新《ゆうしん》日報」には、阪神電車に対抗するように「阪神急行電鉄」の次のような記事が出ています。「阪神急行電鉄」とはいまの阪急のことです。

「六甲山へ住宅地」の見出しで「12万余を拓《ひら》いて　1千戸の家屋を建てる　共同浴場娯楽場も造る　阪神急行電鉄の計画」として

「▽近来阪神沿道の発展は著しきものありて住宅地の建設さるゝもの尠《すくな》からず殊に鉄道院の複々線、阪神電車の海岸線敷設 ▽阪神急行の六甲山麓を通過して神戸に至るあり、更に国道の拡張築造等に依《よ》り益々大阪神戸の両都市と接近の密度を加え　▽来れるが阪急鉄電《てつでん》にては六甲山麓の櫃戸《からと》越に12万余坪を買収し経費三百万円を投じ1千戸の住宅計画を樹《た》て居《ゐ》る由《よし》にて　▽此の山頂との連絡を採り住宅より通勤者の便を計るべくケーブル鉄道をも布設する由なるが近く出願の運びに至るべく山頂は物品購買　▽共同浴場、娯楽場、ラジウム温泉等凡《あら》ゆる設備を殖《し》し市街地に居住せると何等異なるなき程度となす筈《はず》にて目下有馬郡有野村とし交渉つつあれば遅くとも明年早々には簡易なる山地生活をなし得るに至るべしと」と報じています。

ところが、六甲山開発の先鞭をつけたのは阪神電鉄で、昭和2年に唐櫃の所有地であった六甲山上の高原220haを買収し、ここに遊園地、住宅別荘地区、森林地区などを設定して近代的な開発を進めました。とくに31戸の貸別荘は、庶民にも高山の避暑地の気分が味わえることから人気があったそうです。

一方、阪急電鉄も、六甲開発に乗り遅れじとホテル経営に進出するなど、山上の開発は進展していきました。昭和6年（1931）には阪急による六甲登山ロープウェイが、翌7年には阪神による六甲ケーブルが開通し、互いに熾烈な競争を繰り広げたそうです。

いまも昭和9年に建てられた日本人の山荘が残っています。これは小寺家の山荘で、住吉の住宅と同じく、ヴォーリズの設計になっています。住吉の小寺邸は数年前に解体されましたが、この山荘はいまＮＰＯ法人が管理しています。

大正デモクラシーの住宅地…佐藤春夫と西村伊作

大正時代に入ると、色々なものに“文化”が付くデモクラシーの時代となります。住宅や生活改善の分野では、三田屋敷町の前田慶治邸を設計した西村伊作が大活躍します。西村伊作は紀州の新宮で生まれ、富豪の跡取りとなりますが、幅広い文化活動で大正時代の寵児となります。生活改善運動の一環として住宅の改善にも取り組み、豊富な海外渡航経験から『楽しき住家』を大正８年（1919）に発刊し大変な評判となります。

そこで、設計事務所を神戸の御影と東京に開設し住宅設計を行いました。いまもいくつもの作品が残っています。御影にも彼が設計した家が数軒あったようです。和歌山県新宮市にある自邸はいま「西村記念館」になっています。同じ新宮出身の佐藤春夫の東京の自邸も設計し、これもいまは新宮に移設されて新宮市立佐藤春夫記念館となっています。

西村伊作と佐藤春夫は、同郷ということからかなり親しくしていたようです。佐藤春夫が大正９年に発表した『美しい町』という小説があります。理想的な街を設計しようとアメリカ人がやって来て、主人公と老建築家の３人がホテルで設計に当たるのですが、完成することなく帰郷してしまいます。小説家が、どのような街を理想としているのか関心があって読みましたが、小説としては面白いのかもしれませんが、私には中途半端な印象しかありませんでした。

しかし小説とはいえ、住宅地の位置を隅田川の河口の中州と決め、図示までしています。また建物などもかなり具体的に記述しています。「私の持ちたいと思うのはそれほど宏大な屋敷であることを決して要しない。ただ家であればいい。大きさから言って１軒に就いて多分2、30坪ぐらいの２階建てでいい。そうしてわたしはそれを百欲しいのです」と主謀者のアメリカ人が言っています。

敷地は40坪、建物も20～30坪とかなり小さいですが、建物の外観は西洋風で、内部は和風です。町全体の設計についてもかなり詳しく記述していますが、

図10　『美しき街』を書いた佐藤春夫の自邸。西村伊作設計。現・佐藤春夫記念館。大海一雄作画

興味を引いたのは、「それらの家々のなか側の空地には、各々の家々の内側の窓が一様に又一目で見ることが出来る庭園を持たう……」という点で、これは後で出てくる深江の文化村のコモングリーン（共有地）を彷彿させます（注 9）。

西村伊作の研究家の田中修司氏は、この渡来したアメリカ人のモデルが西村伊作ではないか、とみています。事実、伊作は小田原で芸術家村を計画し、その頃この地に住んでいた谷崎潤一郎や北原白秋と土地を見て歩いたものの、第一次世界大戦後の恐慌で中止を余儀なくされたそうです。

西村伊作は『楽しき住家』に「理想村」の項を設け「私もいつか近いうちに、実行して見たいと思ひます」と述べています。さらに続けて、「私の考えの理想の村は、家の数が三百か五百位あって、其家の大きさは、二間か三間の家から、一家十四五人も住むことの出来る十数間を有った家が交じって居て、しかし、その仕上げの程度、装飾の仕方などは成る可く、同じ位の、人間の必要を満たすだけのものにして、其の村の中に医者が一人以上居たら宜しく、幼稚園のような、もっと自由な幼児の遊ぶところと其の媬姆があり、食品や雑貨の日用品を供給する、購買組合式の商店があり、十分地面のある所ならば、農場があり、共同運動場があり、出来るなら、戸外学校、オープンエーアスクールの小学校もほしいと思ひます」とかなり具体的にその構想を述べています。

この彼の生活改善の考え方に共鳴した人たちが試みた村が、岡山と松本にあったそうです。『楽しき住家』には文化という言葉は出てきませんが「文化生活と住宅」というタイトルで新聞に連載し、ついに大正 10 年（1921）には「文化学園」を創立しています。

深江の文化村

大正時代には、自由な文化の華が咲きました。新しいものには何でも文化が付き、文化包丁から文化住宅までありました。戦後の貧しさの象徴のような文化住宅とは全然違う、和洋折衷などの中流住宅でした。この頃には、全国に文化村と称する住宅地があちこちに誕生しています。東京の目白の文化村、福岡の野間文化村などですが、時代背景から住宅地に単に文化を付けたものもありそうです。相互に影響があったかも知れませんが、直接の関係はなかったと思われます。

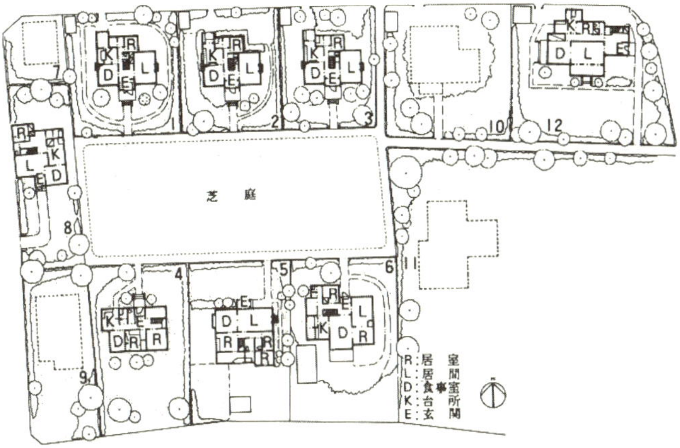

図11　文化村の住宅（「大阪芸術大学紀要」より）

昭和36年の文化村。セスナ機より
冨永泰史氏撮影（冨永喜代子氏提供）

芦屋川の河口に近い西側に、大正12年（1923）に深江の文化村が生まれました。13戸の住宅が約400坪といわれるコモンヤードを囲

ヘリコプターより冨永泰史氏撮影（冨永喜代子氏提供）周辺の状況から昭和末期と著者推定

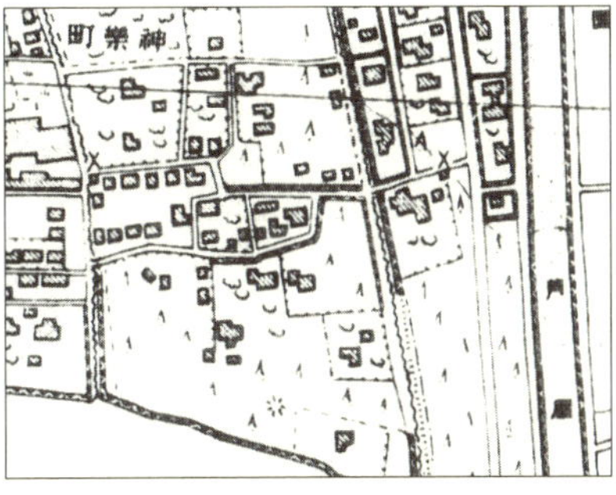

図12　大正末期の文化村のあたり
（「神戸及周辺地形図　大正15年」より）

在りし日の文化村の街並み。中央が冨永邸

み、この広場に面して玄関をつくっていました。この村を計画したのは医師坂口磊石で、設計をしたのは吉村清太郎でした。この配置図を見ると、先の原田の森の関学の住宅地と何か似ているのを感じるでしょう。そうです。吉村清太郎はかつてヴォーリズの設計事務所に勤めていましたので、2つの住宅地が関連していることが想像できます。

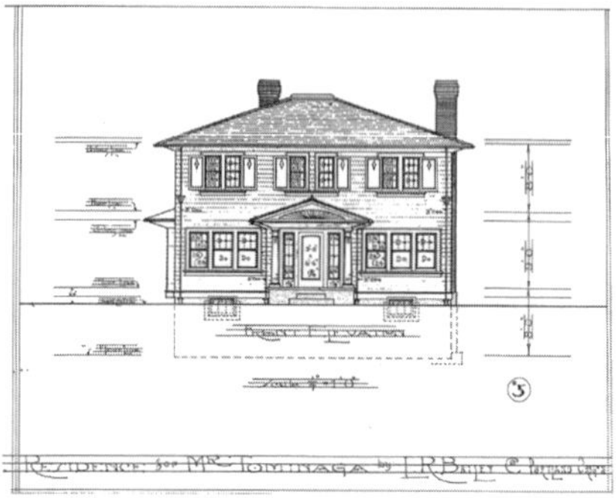

図13　冨永邸設計図（『ツーバイフォー輸入住宅』より）

この住宅地をはじめて訪れたときは、その壮大な景観に大変感激しました。狭い路地を抜けると突然広い空間に出て、周りには個性的な住宅が並び、かつて見たことのない景観でした。しかしよく見ると、すでに広場の管理に差が出ていて荒廃の兆しがありました。

文化村の中の一軒が冨永邸で、大正時代には三井、三菱に並ぶくらいの大商社だった鈴木商店の、シアトルの木材部に所属した人が輸入した“ツーバイフォー”住宅です。はじめてこの文化村を訪れた当時、私は神戸市の住宅供給公社でツーバイフォー住宅をたくさん建てていましたが、わが国では歴史が浅く耐用年数を心配する声もありました。そこでたびたび冨永邸を訪れて、耐久性に問題がないことを確信しました。現在ではもう90年近くも経っていますが、その間、高潮に襲われたり、阪神淡路大震災に遭遇しても立派に残っています。

しかし周辺は現在、駐車場や小さな建売住宅になって、昔を知る者にとっては大変残念な姿になっています。

阪急岡本の分譲地

郊外居住と鉄道は切っても切り離せない関係にあります。鉄道会社は沿線の住民を増やすことは、経営にとっては重要な事項です。関西で最初の郊外電車の阪神電車は、明治41年（1908）に早くも「市外居住のすすめ」という小冊子を発行し、さらに沿線で借家経営を始めています。

阪神に続いて開業した阪急電車の前身の箕面有馬電気軌道は、積極的な住宅地開発を行っていました。明治43年（1910）には、電鉄初の住宅地開発を池田室町で完成させています。東急による田園調布は有名ですが、実は阪急による池田室町が電鉄による住宅地開発のはしりです。

大正9年（1920）には神戸線が開通し、岡本停留所が開設されたのにあわせて、大正10年に駅の北東に住宅地の経営を始めました。総面積は1万8,000坪で、150戸の計画でした。阪急にも募集のパンフレットなど、当時の資料は残っていませんでしたが、大正12年

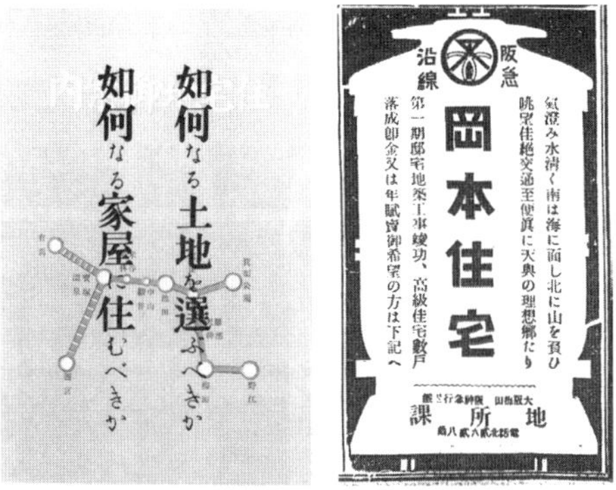

（左）『阪神急行電鉄25年史』より
（右）阪急による岡本住宅地の広告
神戸又新日報　大正10年9月13日

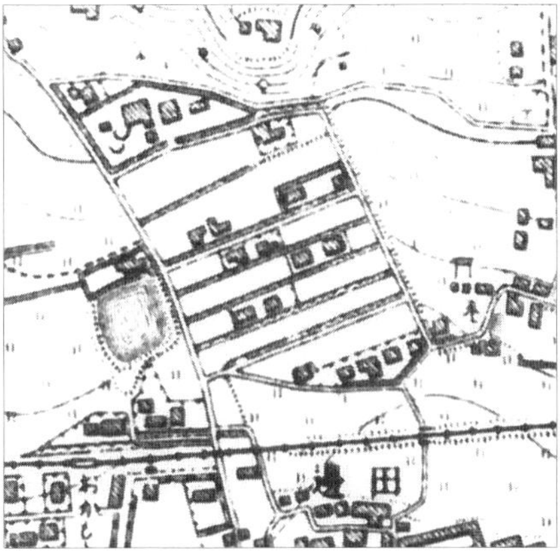

図14 「神戸及び周辺地形図」より

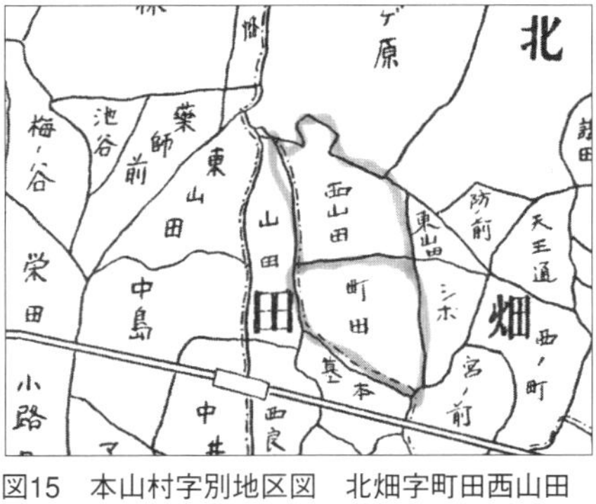

図15　本山村字別地区図　北畑字町田西山田
（『本山村史』より）

阪急岡本の分譲地

測量の国土地理院の地図を見ると、岡本駅の北東にそれらしい規則的な道路割のあるところがありました。『本山村史』によると、阪急が開発したのは「北畑字町田西山田」で、字別地区図と当時の地図を照合するとぴったりでしたので場所を確認することができました。

大正10年9月の新聞広告によると、数戸の“高級住宅”をモデル的に建てて分譲しようとしていますが、翌年1月1日の新聞広告では「岡本住宅新築数戸完成」と広告を続けています。

「岡本住宅」の住宅地計画は特に変わったところはなく、短冊状の道路に沿って宅地が作られています。道路は、その後の武庫之荘や伊丹などと異なって、平凡な計画でした。現状は、敷地の分割や建て替えなどですっかり変わっていますが、道路割はいまもあり、当初のものと思われる住宅もあって、当時のたたずまいを残しています。

岡本にあった好文園

岡本停留所の北西に、大変ユニークな住宅地がありました。この住宅地

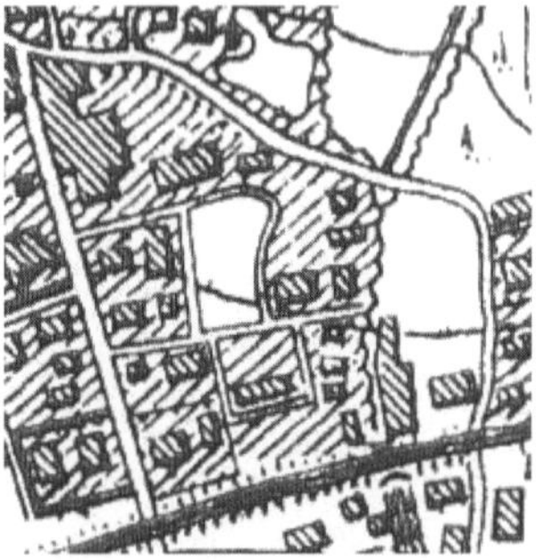

図16　好文園のあたり
（「神戸及び周辺地形図」より）

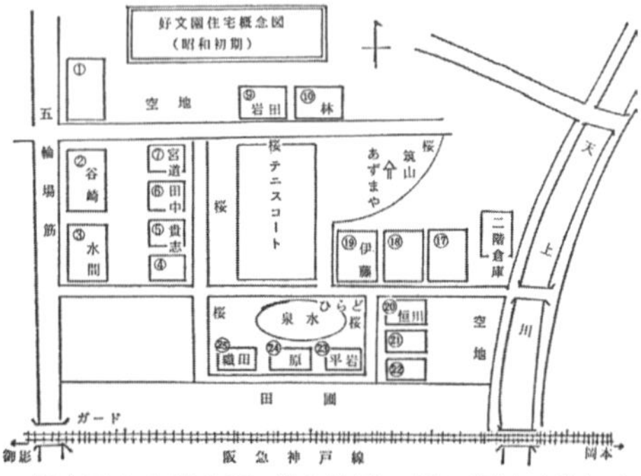

図17　好文園住宅概念図（『谷崎潤一郎の阪神時代』より）

は「好文園」といって、谷崎潤一郎も住んでいたことがありました。いまはその後の区画整理と阪神大水害で跡形もありません。しかし、『谷崎潤一郎の阪神時代』の著者・市居義彬氏は元の居住者に聞き取り調査をして、「好文園概念図」を作っています。これによると伊藤萬次郎の個人の経営による“高級賃貸住宅地”のようでした。

萬次郎の二男は「亡父はテニスコートや桜並木を中心として楕円形の道をつくって、周りには一軒ずつ和・洋の様式の異なる住宅を、ぼつぼつ建ててまいりました。年代は大正の終わりから昭和の初頭にかけてのことと思います」と本の中で述べています。

場所は詳しく述べられていましたので、当時の地図で当たってみるとそれらしいところがありました。「好文園概念図」とも照らし合わせてもぴったりです。中央のテニスコートは深江の文化村のローンヤードと大変似ていました。このように当時の阪神間の住宅地開発は、多分相互に影響を受けながら開発されていったと思われます。現在は、駐車場と地域のコミュニティセンターに好文園という名前が残っているだけです(注10)。

住宅地としての須磨・舞子

舞子と須磨は古くから景勝地として知られ、平清盛も舞子に別荘を持っていたそうです。須磨には明治に入ると療養所ができ、俳人の正岡子規が逗留し、高浜虚子も見舞いに訪れています。財閥の住友氏は、いまの須磨水族園の地に壮大な別邸を建てています。その門柱がいまも須磨海浜公園に残されています。

須磨離宮前にあった室谷邸

大正時代に入ると有栖川邸が建てられ、これが大正天皇

旧西尾邸

の須磨離宮となります。須磨は、道路などを計画的につくるのでなく、従前の自然の道を人力車用としてそのまま使ってきましたが、離宮の前には、道路の分離帯に黒松を植えた離宮道がつくられました。この道は、京都の修学院離宮の道と同じで、大変奥ゆかしい景観を示しています。この道に沿って、かつては邸宅が並んでいましたが、いまではかなりがマンションに変わってしまいました。

この道を登っていくと離宮の玄関で、この前に室谷邸がありました。ヴォーリズの設計で重厚なチューダースタイルの建物でしたが、いまはもうありません。しかし、この近くの西尾邸は、フランス料理の店として残っています。

舞子には大正 4 年（1915）建設の日下部邸が、いまもレストランとして残っています。鐘紡の創設者の武藤山治邸は、一時狩口台に移設されていましたが、近年舞子公園に見事に再建されています。

大部分の市街地は区画整理で

これまでは特徴的な住宅地をとり上げてきましたが、神戸市のほとんどの市街地は、耕地整理や区画整理によってつくられてきました。この制度は、地主たちが土地を出し合って道路などをつくることによって、お互いの地価を高めようとするものです。明治 32 年（1899）には耕地整理法が制定されましたが、神戸では早くから耕地整理が行われていました。耕地整理は農業の利便向上の目的でしたが、将来の新市街地にも対応できるので、大正 12 年（1923）に大日・夢野土地区画整理組合が設立され、その後も各地で区画整理組合が生まれました。

図18　兵庫の区画整理（『神戸市史　行政編Ⅲ』都市の整備　湊川の付け替え　より）
区画整理で街ができて行く様子がよくわかる

図 18「兵庫の区画整理」の図は、明治末期の区画整理の進捗状況をよく表しています。これは明治 21 年（1888）から 41 年（1908）まで行われた兵庫地区の区画整理の様子です。すぐ左側の白地の林田地区も、すぐ後に同じような区画ができていきます。このように正方形にきれいにできてきたのは、条里制の遺構が残っていたからだと言われています。

耕地整理や区画整理でつくられた道路は、2 間か 3 間幅（3.6 ～ 5.4 m）で、格子状で区画された宅地には、多くの長屋が建てられました。これらの長屋はすべて賃貸で、大工場の従業員向けに供給されました。1 棟の建物は 5 ～ 6 軒ごとに区切られ、棟と棟との間には細い通路が必ず設けられていますが、これは汲み取り用の通路です。1 軒の建物は幅 2 間半（約 4.5 m）くらいで隣とは壁一枚です。

阪神淡路大震災後の長屋

倚松庵

この建物は大変規格化されていて、畳や建具が他の家に持って行ってもそのまま使えました。そのために「裸貸し」という制度もあって、外部には建具は入っていますが、中には建具や畳のないものがあって、借主はかつて使用していたものを持っていくか、または古建具屋から買って持っていきました。このように戦前の建物は、大変リサイクルしやすい住宅でした。

もちろん一戸建てや2戸1棟の立派な住宅もありましたが、昭和16年の全国の大都市の調査では、大阪の91.3%に続いて、神戸では89.9%が借家でした。関東大震災から逃れて神戸にやってきた谷崎潤一郎は、好文園など一戸建ての住宅に何回も移り住んでいました。小説『細雪』を書いた家が、住吉川のほとりに移築され「倚松庵」として残っています。

計画的な住宅地としての社宅…鐘紡の社宅

計画的な住宅地の一つとして社宅があります。神戸には鐘紡の大きな工場が和田岬にありました。いまはサッカーのグラウンドになっているところです。この工場は明治29年（1896）に、武藤山治が兵庫工場として開業しています。その南側に一群の木造の住宅群がありましたが、鐘紡の社員用の社宅だったのです。

現状は、周囲が区画整理で新しい住宅が立つ中で、一群の旧社宅がそのまま残っています。古い地図で探すと、見事に発見できました。昔の人に聞くと、周囲は塀で囲まれ、ところどころに門があったようです。建物は2戸または4戸の2階建ての長屋で、当時としてはかなりの広さと思われました。いまも戦前の風情を色濃く残しています。

いまも残る鐘紡の旧社宅

図19 「神戸及び周辺図」大正12年

三菱神戸造船所も明治39年（1906）に20戸の社宅を建設し、その後、係長以上用としてさらに90戸を建設しています。工員用としては、昭和2年、兵庫区須佐野通に木造2階建て5棟（72世帯）を建設しています。昭和5年の不況で解雇された、ここに住む組合員は、規定では2週間以内に社宅を立ち退かなければならないのに対して、絶対に立ち退かないと、会社と交渉しています（注11）。

塩ヶ原の住宅地

後の“裏山開発”につながる「北神戸塩ヶ原の住宅地」開発は、大正の中期から盛んに報じられるようになってきます。大正８年８月７日の神戸又新《ゆうしん》日報は「諏訪山実査　公設長屋は不適切」と題して以下の記事を載せています。

「神戸区有財産の一部たる諏訪山背後の住宅創設の計画は既記《きき》の如く六日午後五時三十分より鹿島市長土岐助役上谷庶務浅見土木両課長等と共に財産管理委員の一行は実地調査を行い更に市外地の塩ヶ原を調査する處《ところ》ありて午後二時散会せるが鹿島市長に於いては最初市営住宅を建設するの意向なりしも諏訪山背後は土地狭隘《きょうあい》にして適当地にあらず塩ヶ原は敷地充分なるも武徳殿より三十余町ありて往還に不便を来すが故に到底建設の見込みなきが如し」（原文通り）

これに続いて翌年の大正９年３月31日の又新日報は「北神戸塩ヶ原に理想的住宅地の設計見事に出来上がる」「東西に坦途《たんと》を通じケーブルカーも布設　総経費126万円也」として詳細に報じています。

「◆市内諏訪山武徳殿裏手、塩ヶ原附近の神戸区有地を新たに住宅地として開墾の計画ありし事は既報の如くであるが所有者の神戸区は総ての設計を浅見市土木課長に委嘱し同課長は『行き詰まりの神戸市◆住宅策が此の方面の山地に救われるとすると何よりの結構だ』とあり苦心研究の結果此の程漸《ようや》く設計書が出来上がった夫《それ》に依ると武徳殿の西側から塩ヶ原に通

北神戸鹽ヶ原に
理想的住宅地の
◇設計見事に出來上る◇
東西に坦途を通じケーブルカーも布設
總經費百二十六万圓也

◆市内 諏訪山下武德殿裏手、鹽ヶ原附近の神戸區有地を新に住宅地として開墾の計劃ありし事は既報の如くであるが所有者の神戸區は總ての設計を淺見市土木課長に委囑し同課長は『行詰りの神戸市◆住宅 策が此方面の山地に救はれるとすると何よりの結構だ』とあり苦心研究の結果此程漸く設計書が出來上がつた夫に依ると武德殿の西側から鹽ヶ原に通ずる千二百間の間に[illegible]い道路を付け◆途中 [illegible]の[illegible]は六間幅、[illegible]より三間幅とし、[illegible]の傾斜は九分の一、ソレより鹽ヶ原[illegible]は八分の一の傾斜で優に自動車でも通行出來る事とする、尚附近にある低地の西ヶ池◆周圍 にも三間幅の道路を繞らさうと云ふのだ、此の住宅用地は約二万坪程あり、現在は坪二十圓の値段であるが立派に落成の上は坪五十圓位に値上る見込を抱いてゐる、さうすると其の沿道にも漸々◆住宅 が出來て見返るに開化けるかも知れぬ、其時には一本道では又不便になるからと云ふので別に山本通キーアホテル横より鹽ヶ原に通ずる千八百間の三間道路を布く事になり◆更に 同所諏訪山間にケーブルカーを設けやうとのハイカラな計劃もある 而して此の總經費は百二十六万円、然うなると一神戸區の問題としては少々大規模に過ぎるから道路、開墾事業、建物等の[illegible]は[illegible]分のコミッションを掛けて[illegible]との議論も出て來た◆ソレ から肝腎の水であるが高地で上水道は到底駄目であり佐野水道技師長が檢査の結果自然水を簡易水道法に依り引用する事になつた、若し實現の曉には市の北部山地に◆理想 的な住宅地は現れる事にならう

神戸又新日報　大正９年３月31日

塩《しほ》ヶ原《はら》の住《ぢう》宅《たく》地《ち》
愈々開拓に着手す
其第一期工事は道路開鑿

再度山を開拓して市街地を造り諏訪山武德殿の西から鹽ヶ原へ大道をつけVの字を逆にしたやうに歸路を東亞ホテルの後方までつけると云ふ計畫は可なり以前から發表されてゐたがそれに就いての委員會が十五日午前市役所で開かれた、協議を重ねた結果右の

■總費用 百七十六万

圓を神戸區だけで負擔する事は困難だから之を三期に分ち、繼續事業として斷行する事にはなつた、其の第一期の工事として武德殿横から藤の茶屋まで千四百七十六間の間に幅二間の道路をつける事にした、工費は三十九万圓を要するがこれは神戸

■區所有 の各所に散在して居る土地を賣却し其の金を充てるさうである、此の道路が開けるとそれに沿ふた所に約一万二千坪の住宅地が出來る、それを或時機迄地代を取らずに貸すといふのだが富豪などが無闇に大きな土地を占領して了はないとも限らないから一口

■三百坪 乃至五百坪

に限定し一般希望者に分けて貸し開拓せしめる事とした、此工事は四五月の間に區會を開いて決定次第直に着手するさうである、而して第一期工事が終ると第二期の鹽ヶ原三万五千坪の宅地開拓に移る、之が完成すると市の方で學校も建て電車を走らす事にもするさうである

神戸又新日報　大正９年７月16日

ずる千二百間の間に広い道路を付け◆途中藤の棚までは六間幅、藤の棚よりは三間幅とし、藤の棚までの傾斜は九分の一、ソレより塩ヶ原までは八分の一の傾斜で優に自動車でも通行出来る事とする。尚附近にある低地の西ヶ池◆周囲にも三間幅の道路を繞《めぐ》らそうと云うのだ。此の住宅用地は約二万坪程あり、現在は坪二十円の値段であるが立派に落成の上は坪五十円くらいに刎《は》上がる見込みを抱いている。そうすると其の沿道にも漸々《だんだん》◆住宅が出来て見返る如《よう》に開化《ひら》けるかもしれぬ。其時には一本道では又不便になるからと云うので別に山本通トーアホテル横より塩ヶ原に通ずる千八百間の三間道路を布《し》く事になり◆更に同所諏訪山間にケーブルカーを設けようとのハイカラな計画もある。（一部割愛）◆ソレから肝腎《かんじん》の水であるが高地で上水道は到底駄目とあり佐野水道技師長が検査結果自然水を簡易水道法に依り引用する事になった。若《も》し実現の暁には市の北部山地に◆理想的な住宅地は現れる事になろう」と述べています。事実、再度山登山鉄道株式会社があって、事業目論見書も出来ていたようです。

また続いて大正９年７月16日の神戸又新日報に次のような大変興味のある記事が出ていました。

“塩ヶ原の住宅地　愈々《いよいよ》開拓に着手す　其の第一期工事は道路開鑿《かいさく》”

「再度山《ふたたびさん》を開拓して市街地を造り諏訪山武徳殿の西から塩ヶ原へ大道をつけＶの字を逆にしたように帰路を東亜ホテルの後方《うしろ》まで付けると云う計画は可なり以前から発表されてゐたがそれに就いての委員会が十五日午前市役所で開かれた。協議を重ねた結果右の◆総費用百七十六万円を神戸区だけで負担することは困難だから之を三期に分ち、継続事業として実行することにはなった。其の第一期工事として武徳殿横から藤の茶屋まで千四百七十六間の間に幅二間の道路をつける事にした。工費は三十九万円を要するがこれは神戸◆区所有の各所に散在して居る土地を売却し其の金を充てるそうである。此の道路が開けるとそれに沿《そ》ふた所に約一万二千坪の住宅地が出来る。それを或時機迄地代を取らずに貸すといふのだが富豪などが無暗に大きな土地を占領して了《しま》はないとも限らないから一口◆三百坪乃至五百坪と限定し一般応募者に分けて貸与し開拓せしめる事とした。此工事は四五日の間《うち》に区会を開いて決定次第直に着手するそうである。而して第一期工事が終わると第二期の塩ヶ原三万五千坪の宅地開拓に移る。之が完成すると市の方で学校を建て電車を走らすようにするそうである」

これをそのまま読むと壮大なほら話に見えますが、区会で決めるとか、予算などかなり具体的で無視することはできません。また“以前から発表されていた”のは、前記の記事のことか調べなければなりません。しかし、逆V字型の道路こそできませんでしたが、塩ヶ原への道路はその後、再度山ドライブウェイとして完成しています。“市で電車を走らせる”は後日、平野発を計画していた神有電車を連想させます。また、“学校をつくる”ためには、かなりの戸数の住宅地の開発を必要とするので、その後の鈴蘭台方面を連想させます。

注6　稲垣足穂『タルホ神戸年代記』第三文明社　1990年
注7　江見水陰「唐櫃山」「文芸倶楽部　第6巻第9編」 1900年
注8　『阪神電気鉄道80年史』阪神電気鉄道　1985年
注9　佐藤春夫「美しき街」『ちくま日本文学全集』筑摩書房　1991年
注10　市居嘉雄『谷崎純一郎の阪神時代』曙文庫　1983年
注11　「神戸新聞」昭和5年11月17日

3 昭和初期から終戦まで

裏山の開発

神戸市域は海と山に挟まれて狭いので、六甲山の開発は避けて通れない問題でした。大正8年(1919)に都市計画法の制定で、行政区域を越えて「都市計画区域」が制定できるようになり、市域を越えて事業の執行ができるようになりました。

当時県にあった「都市計画地方委員会」は、大正10年に武庫郡山田村の中一里山を、大部分が神戸区有林であるところから、市背後の住宅地として好適地であるとの理由で、新たに区域に編入しています。まだ合併もしていない山田村を、都市計画の区域として数えられるので、これによって当初1,774万坪であった都市計画区域面積は、2倍を超す面積になりました(注12)。

昭和5年に市会に「裏山開発調査委員会」が設

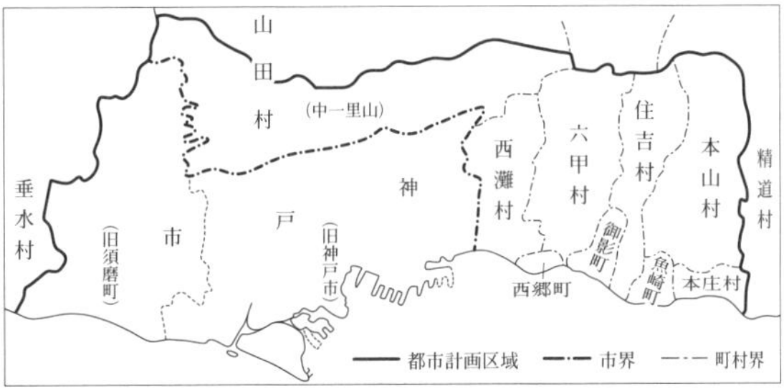

図20　神戸都市計画区域図（『神戸市史』より）

図21　明治29年の行政区（『神戸ーそのまちの近代と市街地形成』より）

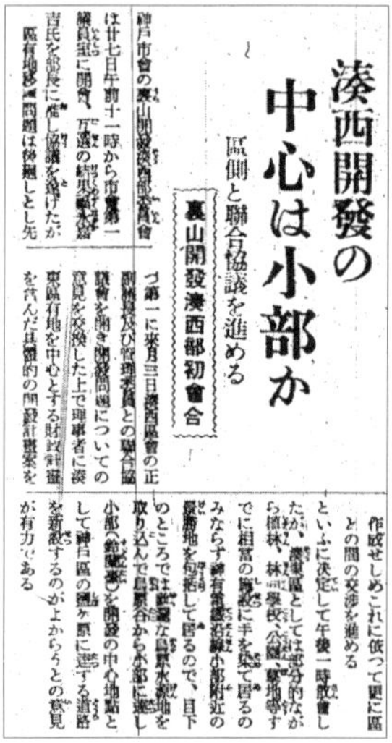
湊西開發の中心は小部か
區側と聯合協議を進める
裏山開發湊西部初會合

神戸新聞　昭和6年7月28日

置され、まず塩ヶ原（現修法ヶ原）の開発がとり上げられました。この動きに符合するような論調が、昭和６年５月３日の神戸新聞に「神戸市背山開発管見」として出ています。「最近俄然世間の視聴を集むるに至った神戸市観光事業の研究に伴ひ市の背山開発計画は愈々白熱化するに至った」とし、筆者の福本氏は「先ず有馬越えの道路を中心として東部の山岳地帯を主として観光遊覧的なものに設備し、西部を一般市民の住宅的地域として開発経営を促進すべきものではあるまいか」と述べています。

有馬道の東は、現在の森林植物園を思い浮かべますし、有馬道の西は現在の鈴蘭台の住宅地を想像させます（注 13）。

７月 28 日には、「湊西開発の中心は小部か」の見出しで、裏山開発湊西部初会合の記事が出ています。「湊東区《そうとうく》としては部分的ながら植林、林間学校、公園、墓地等すでに相当の施設に手を染めているのみならず神有電鉄沿線小部附近の景勝地を包括して居るので、目下のところでは幽《ゆう》遠な烏原水源地を取り込んで烏原谷から小部に達し小部（鈴蘭台）を開発の中心地点として神戸区の塩ヶ原に達する道路を新設するのがよかろうとの意見が有力である」と鈴蘭台と塩ヶ原とを関連しながら開発する方向が示されています。

神戸電鉄と北神の開発

神戸電鉄は、六甲山の峠を越えるいわば山岳鉄道です。わが国の山岳鉄道として有名な箱根登山電車に乗ると、かなり上った所のスイッチバックのある信号所で 234 m、大平台駅で 349 m ですから、神戸電鉄大池駅の 350 m や、北鈴蘭台駅の 346 m と比較してもその高さがわかります。

図22　小部経営地略図（神戸電鉄提供）

山脇延吉の顕彰碑

なぜこのような高地に鉄道が敷かれたのでしょうか。それは地域の発展のほか、経営的には有馬温泉への乗客の誘致が、その最大のポイントだったと思われます。もちろん三田とは、三田藩や旧有馬郡時代からの長いつながりがありますので、有馬へ開通の年にすでに三田にも開通しています。

さらにここで、有野の篤志家・山脇延吉の名前を忘れてはなりません。山脇延吉は東京帝国大学土木科を経て県会議員になり、農会でも活躍する一方、神戸有馬電気鉄道（現神戸電鉄）の設立に努力をしています。いまその立派な顕彰碑が、神鉄道場駅前にあります。この神戸電鉄が戦前から

戦前の面影を残す住宅

開通当時の「おうぶ駅」(現鈴蘭台)付近
昭和3年開業(神戸市文書館架蔵)

あったために、戦後の北神の住宅地は、鉄道沿線に沿うように開発されていったのです。

昭和３年には神戸電鉄(当時は神有電鉄)が開通すると、早速大池で「大池六甲川温泉住宅地」と称する高級住宅地を売り出しています。また販売を促進するためか、のちに生駒聖天から大池聖天を勧請しています。ちなみに明治初期に当時の福山藩が分譲した東京の西片町にも、神社を誘致して販売促進をはかったが思わしくなかった、との記録があります。

また、開通当初は小部《おうぶ》駅だった鈴蘭台の「小部経営地」で、土地と分譲住宅を販売しています。この募集のパンフレットによると、「都会生活より郊外生活へ」とあり、先行していた阪神や阪急の影響がみられます。

神戸電鉄から提供された募集パンフレットによると、初期の分譲地がわかりました。これによると、鈴蘭台駅の東側の線路沿いの南北と東の丘の部分で、いまもかなり当時の区画が残っています。しかし、当時のものと思われる住宅はほとんど見つからず、大きな敷地は細分割されたり、マンションになったりしています。しかし、当時の生け垣や門が残っているところもあり、かつての分譲住宅地のたたずまいも残しています。

当時は「関西の軽井沢」と称して高級住宅地や別荘地としてPRし、ダンスホールやビアホールのほか、大きな料亭があったようです。生活関連施設としては、昭和3年に鉄道開通と同時に請願巡査詰所を新設しています。また郵便局も開設しており、戦後の昭和20年代の終わりには、局員が70人もいた北区の中心的な郵便局だったそうです。

鈴蘭台で健康住宅展覧会

昭和6年に、鈴蘭台で生活改善健康住宅展覧会が開催されています。主催は「生活改善健康住宅展覧会」で、総裁にはまだ合併もしていないのに、黒瀬弘志神戸市長がなっています。そしてオリエンタルホテルで開かれた、第1回の打ち合わせ懇談会では「今回展覧会を開設せんとする鈴蘭台は市の北方郊外にあって、市が市域の拡張を図らんとせば第一に編入さるべきところで、鈴蘭台が開拓されることは神戸市の繁栄に貢献するところ甚大である」と、この地域への高い関心を述べています（注14）。

生活改善 健康住宅展覧會
會期 九月十日より十月十日まで
會場 神戸市外神有電鐵沿線鈴蘭臺に於て
開會迫る
出品
一、實物建築 和洋兩式數棟
二、參考館一棟
三、特設館
四、餘興館
入場料
大人十錢、小人五錢
場外施設
全神戸各學校生徒兒童作品展
主催 日本建築協會 後援 神戸新聞社

神戸新聞　昭和6年9月8日

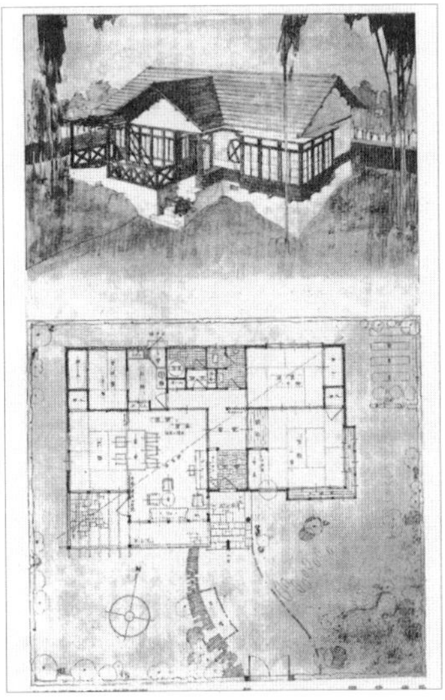

図23　1等当選案（「建築と社会」昭和6年9月より）

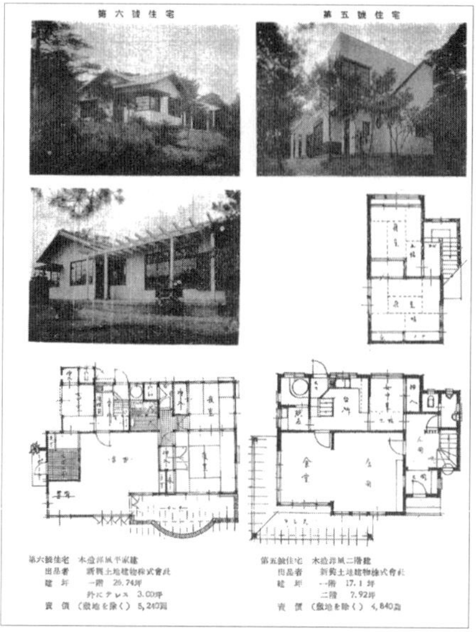

図24　住宅展覧会出品実物住宅
（「建築と社会」昭和６年９月より）

この展覧会に先駆けて「生活改善健康住宅展覧会」と「日本建築協会」が「鈴蘭臺ニ於ケル住宅設計図案」の懸賞募集をしています。その募集規定によると「神有電鉄沿線鈴蘭臺（元小部）ニ建ツヘキ山荘的住宅の設計図集案」で、位置は「丘上及山腹ノ平地」とし、敷地は100坪内外で、建坪は述30坪以内としています。また賞金は１等100円、２等は50円となっていました。

応募は、地元神戸はもちろん、大阪、京都、東京から190通ありました。その１等当選案は、図23の通りで山荘風のデザインの平屋です。間取りを見ると和洋折衷で、中央に居間と食堂用の大きな洋間をとっています。さらによく見ると、食卓が和室の６畳と洋室とのまたがった所にあります。これは、和室側は座布団に座り、洋室側は椅子という生活の改善を目指したもののようです。

図25　昭和初年の鈴蘭台付近
（地理調査所・神戸近郊図５万分の１より）
粟生線がまだ開通していないが「おうぶ」（小部）駅前の住宅地の区画が見える。

この審査概評は、「間取りは簡明によく纏まり方位も考慮し室名を限定せず住む人の自由に任してある点は面白いと思ふ、尚外観も共に山荘的気分見えて無難である」としていますが、まだ女中室があるほか、家相を気にしてか、鬼門の線が入っているのは、いまから見ると違和感がありますね。

この懸賞当選案は実際には建設されませんでしたが、8棟の出品実物住宅が展示されています。期間中に人気投票をして3482票が集まり、第3号棟が名誉賞となっています。この展示住宅には、売価も付いていましたので分譲されました。しかし80年以上経ったいまは、当時の実物展示の住宅は1棟も残っていません。鈴蘭台よりも前の大正11年に住宅改造博覧会をした箕面桜ガ丘は、いまもかなり残っているのに比べて非常に残念です（注15）。

この「健康住宅博覧会」の「健康」の標語は、昭和13年の神戸市の裏山の調査報告書の健康的住宅地や保健的住宅地につながっていきます。

なぜか山陽電鉄の社史に鈴蘭台が

この鈴蘭台で行われた「生活改善健康住宅展覧会」は神有電鉄の沿線ですから、当然神有電鉄が住宅地を経営していたものと思っていましたが、意外にも山陽電鉄の社史にも「鈴蘭台経営地」のことが出てきます。

神有電鉄は開業と同時に沿線開発を目指し、鈴蘭台や大池などで宅地分譲を始めました。鈴蘭台（当時は小部）では、昭和3年11月の鉄道開業以前の9月に、すでに第1回の分譲をはじめ7割を売約しています。そして昭和4年3月には第2回の売り出しを開始していますから、小部経営地としてはかなり良い滑り出しだったと思われます。しかし開業当初から鉄道の経営が思わしくなく、電気料金の支払いに困って、当時の宇治川電気に鈴蘭台の土地を譲渡しました。

宇治川電気はいまの関西電力の前身の一つですが、当時は電力の供給先として電鉄の経営に大変積極的でした。そこで、宇治川電気は、昭和2年に神戸－明石間の軌道を持っていた兵庫電気軌道株式会社と合併しています。さらに同年に、明石－姫路間の神戸姫路電気鉄道をも合併し、神戸から姫路までの直通運転を実現させます。そして昭和８年には、鉄道部門が切り離されていまの山陽電鉄となりました。

このような経過から、鈴蘭台の住宅地開発は、神有電鉄、山陽電鉄双方の社史に出ることになりました。両社の社史によく似た図面が出ていますが、昭和５年からはもう宇治川電気の関係会社の新興土地建物に経営が移っているのです。したがって、「関西の軽井沢」と宣伝したのも、住宅博覧会を開催したのも、山陽電鉄系の新興土地建物ではないかと思っています。

昭和５年に、神有電鉄から32万6,000坪を買収した新興土地建物は、戦後、山陽興業株式会社に社名を変更しています。鈴蘭台の住宅地は10回に分けられて、昭和35年まで神有沿線の鈴蘭台で販売されていました。

山陽電鉄の分譲地

山陽電鉄も神戸電鉄からの引き継ぎだけでなく、独自に分譲住宅地を経営しています。社史によると分譲地の表が出ているのですが、詳しい位置や写真が残念ながらありません。ほとんど唯一の写真が『歴史アルバム垂水』の垂水星が丘です。しかしこの写真も、いつのものか不明でした。

そこで写真を精密に分析して時代を割り出しました。まず写真の左奥は昭和６年に完成した神戸高等商業学校、後の神戸商業大学（現兵庫県立大学）です。しかし、その写真の手前にあるはずの県立の神戸商業学校がまだありません。しかしよく見ると、杭打ちの櫓が見えますので昭和６年と思われま

表１　垂水経営地土地分譲事業表

地区名	年度・昭和	面積㎡	3.3㎡単価・円
静和園	5～17	18,200	17～30
星が丘分譲地	14	48,500	6～23
千代が丘分譲地	14～20	11,000	4～20
千代が丘ろ号地区	19～22	79,500	6～25
千代が丘は号地区	22～25	73,000	23～47
星が丘ろ号地区	25	7,600	90

（『山陽電気鉄道65年史』より）

昭和初期の垂水星が丘住宅地（『歴史アルバム垂水』より）

当時の宅地分譲パンフレット
（『歴史アルバム垂水』より）

す。昭和 6 年に神戸商業学校の新築予算が付いて、翌昭和 7 年に校舎が完成しているからです。

この写真では、星が丘の分譲地の粗造成がすでにできあがっているにもかかわらず、社史の表によると、なぜか分譲時期が昭和 14 年となっているのが少し気になりました。そこで、昭和 9 年頃の地図を見ましたが、まだ家が見当たりませんでしたので、販売上か、なにかの事情があったのでしょう。

さらに社史に出てくる「静和園」は、星が丘より早くから分譲していますし、土地単価も星が丘より高いので、駅に近い便利なところだと想像していましたが、現在の神戸聴覚特別支援学校の近くの福田 1 丁目とわかりました。なぜなら、戦後このあたりに静和住宅という、約 50 戸の木造の市営住宅があったからです。

どうして山陽電鉄から入手したのかはわかっていませんが、まだ家が建っていない静和園の余剰地を、神戸市が購入したのではないかと思っています。その後昭和 31 年頃から入居者に分譲されたので、静和の名前も完全に消えてしまいました。

垂水のバス停「クラブ前」の謎

垂水駅東口からバスに乗ると、すべての路線が「クラブ前」に停まります。「クラブとは何だろう。垂水のゴルフ場はかなり遠いし……」とずっと気になっていました。そこでこの際詳しく調べようと、バス停前の人に伺ったら、昔このあたりに住む人たちで作った「高丸クラブ」があったというのです。東灘の住吉では住友家などが作った「観音林クラブ」が有名ですが、垂水にも自主的に作ったクラブハウスがあったらしいのです。

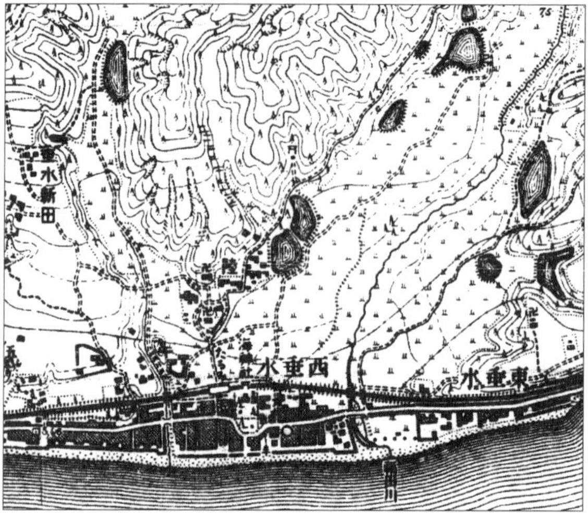

図26　明治43年測図　大正元年製版　舞子2万分の1

そこで明治19年のこのあたりの地図を見ると、いまの垂水小学校の西の道を上がって、高丸交番から名谷《みょうだに》へ通ずる一本道が認められます。これは当時の「西垂水－名谷道」で名谷への主要な道路だったことがわかりました。この図では、八幡神社と池の表示があるので、その後の地図と照合できます。

図27　大正12年修正の地図

ところが大正12年修正の地図では、現在の高丸交番から西北に道路が新しく分岐して、千鳥が丘方面へ

図28　昭和9年頃の垂水の地図　左上に「神戸高商校」と「神戸商業校」が並んで見える。
中央には高丸丘が、そして塩屋の上には「ジェームス山」が見える。

延びています。そして、この道路に沿って20軒くらいの住宅が不規則に並んでいることがわかります。これがその住宅地の原形ではないかと思われます。次いで昭和9年頃の地図を見ると、八幡神社を含む現在の高丸1丁目から4丁目にかけて、かなり計画的な住宅地が開発されていることがわかりました。

高丸高原。昭和12年撮影。高丸山荘と思われる貴重な写真。左の池が現高丸小学校の位置と思われる（神戸市文書館架蔵）

そこで、この付近についての詳しい人のお宅へ伺うと、このあたりを開発した人の末裔でした。残念ながら、当時の資料は散逸していてありませんでしたが、先代から聞いていた開発の様子を聞くことができました。

「大正の末期に、田中左武郎氏が垂水土地という会社を興して、住宅地の分譲を始めたそうです。鉄道もひく予定と聞いて“こんなに短いのに

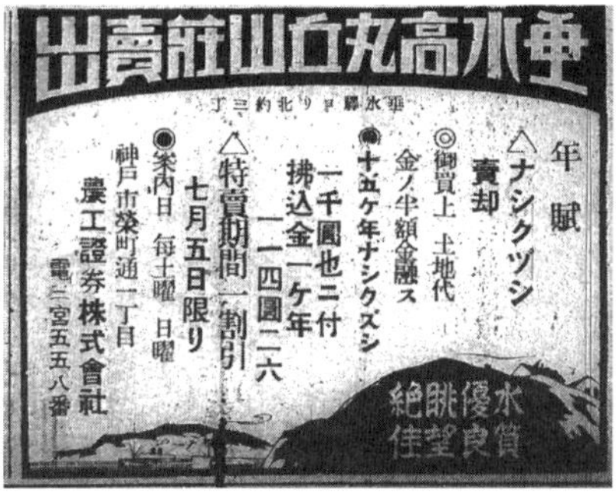

神戸新聞　昭和7年６月18日

……”と不思議に思ったそうです。各戸に井戸を備えていて、いまでも残っているようです。道には牛馬用の水飲み場もあったそうです。クラブハウスは戦後まであって、そこの管理人に家人の子どもの面倒を見てもらっていたそうです。このあたりに住んでいた人は、別荘として利用する人もいましたが、住んでいる人もいました。いずれも会社を経営している人か、重役クラスのお金持ちが多かったそうです。その後、この会社の経営が思わしくなくなって、いまは無くなってしまいました」

伸びる垂水 ①

住宅地として素晴らしい發展

やがては神戸と合併か

本社主催 繁榮策座談會

【明石】風光明媚な垂水は昔から別荘地、避暑、避寒地として知られ最近は縣立高等商業を迎へ近く師範、盲啞學校等が移轉し學校地となり神明國道完成後はますます繁榮せんとしてゐる、本社では十二日の夜垂水の公會

れた霞谷さんから不平、希望を承りたい

霞谷同垂水町長 惡口が刺戟になりますでせう

増田 親切な惡口は忠實な一町民

神戸又新日報
昭和６年６月14日

垂水地区の鉄道計画については、神戸高等商業学校ができたときに、町や地元から鉄道敷設の要望を、山陽電鉄の前身の宇治川電気にしています。もちろん実現していませんが、自家用車が普及していない時代には、鉄道への要望は大変高かったのでしょう。

このお宅の建築時期は、大正 11 年 11 月とはっきりわかっているので、大正 12 年頃の地図とぴったりと合います。そこで何か証拠がないかと当時の新聞を調べてみますと、昭和７年６月の神戸新聞の広告で、それらしいものを見つけました。これによると、見出しは「垂水高丸丘山荘売出」で「水質優良・眺望絶佳」とありますが「水質」は前記の井戸のことでしょう。眺望はいまでも素晴らしく、眼下に塩屋から須磨が一望できます。しかし、売り出しの会社は垂水土地ではありません。いろいろな人の手に渡ったからでしょう。

いま開発地を歩くと、当時のものと思われる大きな敷地が散見され、中には大正末期から昭和初期のものと思われる立派な和風住宅が見られます。道路は比較的狭く、急斜面のために行き止まり道路や階段がたくさんありますが、かえって別荘風で人間味のある道となっています。

桜並木の残渣

上千鳥へのバス路線の「クラブ前」の次の停留所は「桜小路」です。きっと桜並木があるのだろうと思って訪ねても、桜どころか並木もありません。そこでまた近所の人に聞くと、かつては桜並木があったけれど、下水工事や道路舗装のために切ってしまったようです。さらにいろいろと聞くと、桜並木があったのは、高丸の交番付近から千鳥が丘1丁目付近までのようで、新しくつくった道と一致します。そこで、図27「大正12年修正の地図」の拡大図をよく見ると道路沿いに点線があります。これが桜並木に違いありません。桜並木で、この住宅地を有名にしようとしていたことが想像されます。

そこで何か手がかりがないかと歩いていると、ある家の車庫の前の公道に、高さ2mくらいの桜の木の切り株がありました。さらに歩いて行くとバスの終点近くの道路上に満開の桜の木を2本発見しました。これこそが桜小路の唯一の生き証人でした。いつまでも大事に残してほしいと思っています。

ジェームス山

深江の文化村では、多くの建物が失われ寂しい思いをしましたが、ジェームス山の住宅地は立派に残っています。明治初年（1868）に神戸で生まれたアーネスト・ウイリアム・ジェームスは、商売に成功した後に、神戸

図29　ジェームス山（「兵庫の町並み‘85」より）

ジェームス山　昭和12年（神戸文書館架蔵）

には外国人用の住宅地が必要と思い、昭和の初めに塩屋の山を買って自然のままの住宅地を開発しました。ここには約60戸の外国人用の住宅を建設しましたが、すべて借家としました。住宅地の中心には、テニスコートや集会所を設け、居住者の交流の場としています。

ジェームス山遠望

戦後はかなり荒れた感じもありましたが、その後建物は立派に修復や改築されました。その間、周辺の緑は見事に成長して住宅地の風格が感じられるようになっています。住宅地の入口には印象的なライオンの像があり、ここからは一般の人は入ることはできません。

住宅地の入口

旧ジェームス邸

わが国ではまだ少ないですが、アメリカでは最近のほとんどの開発地は、このように閉鎖的になっています。これは Gated Community（閉じられた街）や Forced Town（要塞都市）と言われています。防犯が重視されていることがよくわかりますが、自由に出入りできないのは少しさびしい気もします。しかし自然を生かした道や、緑豊かな専用公園などがあり、素晴らしい住宅地です。敷地を分譲せずに賃貸にしたことが、当時のままの住宅地が残る要因になったものと思われます。

その一角に、アメリカの郊外住宅地そのもののような、クルドサック（袋地）のある輸入住宅村がありました。私はかつて、西神中央のシアトル・バンクーバー村を手がけたので大変懐かしく感じました。

ジェームスは、自邸を一番海に近いところに建てました。ジェームス山のどこからでも見える印象的な塔を持つ豪邸で、戦後は淡路出身の三洋電機の井植氏が購入し、望淡荘としていましたが、レストラン兼結婚式場として再利用されましたのでほっとしています。

ジェームスは、第二次世界大戦の末期には敵国人としてイギリスに一時帰国しましたが、戦後神戸に戻り、間もなく亡くなりました。しかしジェームス山は、立派な住宅地としていまも名前とともに残っています。

神戸市近郊の区分調査

昭和 10 年に修法ヶ原（旧塩ヶ原）道路が完成し、11 年に修法ヶ原の公園の開設に目途が付いたので、次は裏山開発による健康住宅地の建設を主として調査しています。この報告書は「神戸市近郊ノ区分調査ニ就テ」というもので、山の北西面には、相当に開発できる地域を認めています。とくに山田村中一里山北方に、集団的大健康住宅街建設の可能性を指摘しています。

この報告書は、なんと昭和13年の阪神大水害の年の4月に、神戸市役所産業課から発行されています。これは調査地域を4区に分けたので「区分調査」になったと思われ、第1区神戸市域内、第2区山田村域、第3区東部地域、第4区西部地域に分かれています。第3区は、御影町、住吉村、本山村、本庄村、魚崎町で、当時神戸市とは「特殊の関係により、目下の處積極的に之を開発せしめ得ざるを以て、本報文に於いては論及せず」とあり、当時の町村合併についての東部の諸町村との微妙な関係が伺えます。

第4区は垂水町で、「最も開発に適し、すでに旭ヶ丘、千鳥ヶ丘、高丸丘等の如き土地会社経営の住宅地すら出現しつつあり。されど本地域の開発に対する障害として考へらるるものは、交通機関と上水なり」としています。

この調査の目的は裏山の開発なので、「中一里山は本市と密接な関係がある」として、第1区の神戸市域内でとり上げています。中一里山とは第2区の山田村に属していますが、六甲山の裏山の相当広い地域を占めています。現在の「しあわせの村」の住所は「北区下谷上中一里山14－1」ですし、六甲山牧場は「灘区六甲山町中一里山1－1」ですからその広大な地域が中一里山であることがわかります。

住宅地とするための条件としては、土地の勾配を15度以下として調査をすると、開発可能面積は鈴蘭台付近の176haしかなく、すでに開発された面積を除くとわずかに120haで、開発に多くを期待できないとしています。

しかし一方、第2区の山田村域の報告では、「本来、本地域は距離的に見れば、神戸市の中心（但し市役所とす）よりの直線距離は、鈴蘭台、二軒茶屋までは5km山の街住宅地までは7kmにして、須磨及び六甲登山口の7kmに相当し、当然発達すべきものなるにかかわらず、その開発の今に至る迄遅々として進まざりし原因は、一つに交通機関の不備に存すと云ふも過言に非ずと信ず」として道路計画に言及しています。

その一つは有馬街道の拡幅で、二つ目は、「長田丸山遊園地付近にて分岐し、地蔵松を経て片倉池に通じ、山田村内に入るものなり」としていますが、これは現在の長田箕谷線を彷彿させます。当時の市役所は、いまの裁判所あたりにあったので、距離は修正しなければなりませんが、市街地とは距離的に大変近いことを強調しています。

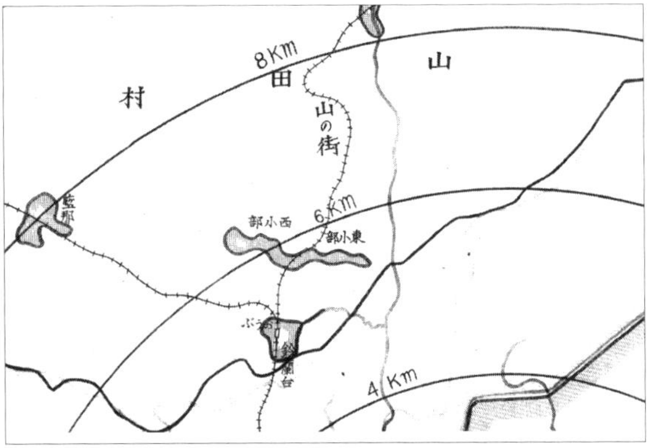

図30　昭和12年頃の鈴蘭台付近
「神戸市近郊ノ区分調査ニ就テ」附図

さらに調査は、数字をあげて詳しく開発の可能性を説明しています。勾配15度未満地域は2,773haで山田村の全面積の28%になり、神戸市市街地面積3,433haの8割以上になりますが、開墾面積は12.7%で、市街地に至っては僅かに2.3%に過ぎないと述べています。そして「故にこの地域には、市街地の出現を図るに尚充分なる土地を余すものと断言しうるなり」と結論付けています。戦後鈴蘭台付近で、大量の団地開発が集中して行われたのは、この調査が知られていたのかもしれません。裏山調査事務所長として京都大学林学教室から派遣された山本吉之助が、その後神戸市の調査室の主幹で在職していたことから、戦後の北神の開発計画にも関わっていたことがわかってきました（注16）。

裏山開発の困難の理由として挙げられていた上水道も、千刈水源池などから供給されるようになり、勾配の15%も、その後の土木技術の進歩で克服されて、今日の北神地区の開発につながりました。

重池《おもいけ》の公設住宅

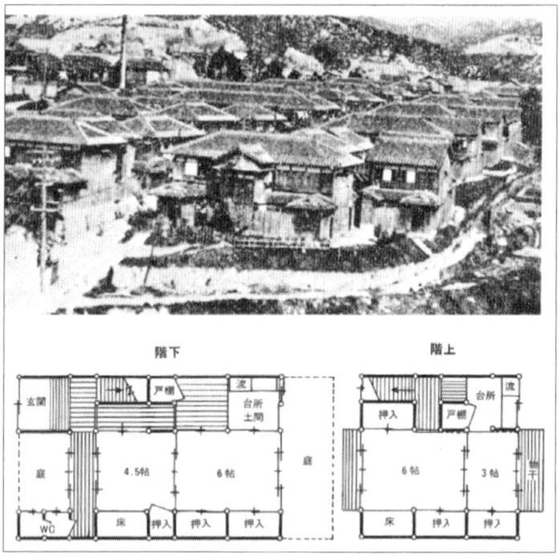

図31　重池公営住宅と平面図
（『神戸市営繕年報‘70』より）

第一次世界大戦の頃から一層都市に人口が集まり、住宅問題が発生してきました。これに対して政府は、住宅組合で分譲住宅をすすめ、一方、賃貸の公設住宅の建設を始めました。神戸市は、松原通（兵庫区）、西灘（灘区）のほか、長田の重池を埋め立てて公設住宅を136戸建設しました。

この平面図を見ると、2階建ての住宅の玄関を入るとすぐに2階へ上がる階段があり、2階にも台所があるので2世帯用の住宅であることがわかります。写真では、2階にも便所があるものもありますが、この間取りでは、便所が1階にしかないのでかなり不便だったと思われます。しかしこの公設住宅は大変な人気で、折から台頭してきたサラリーマン層には喜ばれていたようです（注17）。

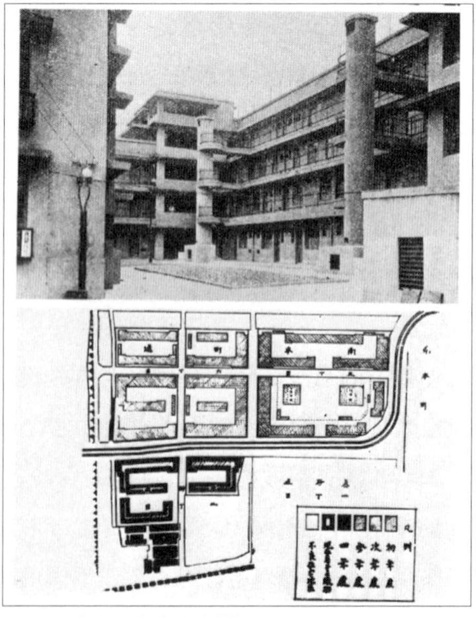

図32　神戸の改良住宅（『神戸市営繕年報‘70』より）

不良住宅地区の改良

昭和2年には不良住宅地区改良法も制定され、神戸でも改良事業が始まりました。阪神淡路大震災の復興にあたっては、新しい制度はとくに設けずに、既存の法律の適用が主なものでしたが、関東大震災後は、同潤会という住宅改良の組織が生まれました。同潤会では、主として鉄筋コンクリート造の新しい生活様式の住宅が開発されました。この最新の住宅形式を改良住宅に適用し、神戸では326戸の住宅が建設されましたが、戦後になって建て替えられました。

第二次世界大戦が始まると、同潤会を引き継いだ新しい組織として住宅営団が生まれ、主として木造の団地が開発されましたが、神戸市内では適当な用地が無かったのか実現していません。

新都市建設構想と用地の買収

具体的な住宅地計画ではありませんが、戦後にまで影響が及ぶ大きな動きが、昭和13年の阪神大水害の後に起こりました。当時代議士だった野田文一郎は、水害の被害が大きかったのは市域が狭かったせいだとし、明石平野に新都市を建設しようと提唱します。このような提唱だけなら、たんなるほら話に終わっていたかも知れませんが、この野田文一郎が昭和16年に神戸市長となり、さっそく大港都建設委員会を立ち上げ、自分の構想の具体化に取り組みます。

神戸市の人口は、開港以来、狭い市域に急激に増加したため、過密都市となっていました。そこで、周辺の町村との合併を繰り返してきました。それまではどちらかというと東部との合併を考えていましたが、今度は西部へ拡張を図りました。

昭和17年には、旧明石郡の村々と合併の仮調印まで取り付け、また同年には板宿から大久保までの鉄道の建設も市議会の議決を得ました。しかし町村合併も鉄道の建設も、折からの戦局の悪化で凍結されてしまいます。

ところが野田市長はあきらめないで、この資金で特別不動産資金を創設して、土地の買収を計画します。そして終戦前後には垂水の多聞など、かなりの土地を購入し、戦後の住宅地開発に生きてくるのです。この野田市長の決断が、戦後の神戸市の土地経営の基となります（注18）。

戦後のニュータウン開発の人脈できる

この大水害の復興から終戦までの間に、戦後の神戸市の住宅地開発の人脈が揃うことになります。住宅地開発に関係した戦後の神戸市長は、中井一夫、小寺謙吉、原口忠次郎、宮崎辰雄ですが、このときにすでに勢ぞろいしていました。

小寺謙吉は、市会議員や国会議員を歴任し、すでに政界から遠ざかっているように見えましたが、水害後、神戸新聞のインタビューで、大神戸の建設で神戸電鉄や阪神、阪急をも買収しようと提案しています。復興の推進や将来の大神戸建設のために、当時の勝田銀次郎市長の全面的な支持を訴えています（注19）。

野田市長は終戦直前に辞職しますが、後任の中井一夫は、野田と同じ代議士仲間で、ともに水害の復興のため政府との折衝に当たっています。また特別不動産資金を野田から引き継ぎ、土地の買収を行っています。

中井市長が退任した後に、初の公選市長として、三田藩の流れの小寺謙吉が市長になりました。彼は、長年の海外経験から駐留軍とわたり合い、困難な戦後の市の運営に当たりましたが、在職中に死去しました。

戦後の“土木屋市長”として有名な原口忠次郎は、大港都建設計画委員会のときは内務省の第三港湾建設局長の要職にあって、この委員会のメンバーとして意見を述べています。この原口が市長だった昭和37年に背山総合開発計画を立て、昭和40年にはマスタープランで西神ニュータウン計画を発表するのです。

原口を引き継いだ宮崎は、大港都建設委員会のときは野田市長の秘書で、この計画をよく知る立場にいました。市長になってからも、この委員会のことをよく口にしていたそうです。

ニュータウン開発は大変息の長い事業で、一市長の任期に収まりません。

西神ニュータウンの場合でも、昭和40年に構想が発表され、昭和57年に入居が始まりましたが、まだ事業が終わっていません。もし途中で計画が変更や中止になると、大変なことが起こったでしょう。しかし神戸市の場合、この長くて強い人脈のおかげで、今日まで延々とニュータウンの建設と経営を続けてきています。

あまり長期にわたり、いろんな市長の手を経ているからか、歴代の市長は、自叙伝などでもニュータウンにはほとんど触れず、ましてや自慢をする人は誰もいませんでした。

注12　新修神戸市史編集委員会・編『新修・神戸市史　歴史編4近代・現代』神戸市　1994年
注13「神戸新聞」昭和6年5月3日
注14「神戸新聞」昭和6年4月24日
注15『建築と社会』日本建築協会　昭和6年9月
注16　毎日新聞社神戸支局編『六甲山を切る』中外書房　1969年
注17　大海一雄「神戸市住宅政策の系譜」『流通科学大学論集第11巻』流通科学大学　1999年
注18　大海一雄『西神ニュータウン物語』神戸新聞総合出版センター　2008年
注19「神戸新聞」昭和13年7月28日

4 戦後の住宅地開発

市の復興計画がその後の神戸を決める

わが国は戦災で壊滅的な被害を受けましたが、政府は昭和20年12月に早くも「戦災地復興計画基本方針」を出しています。こんなに早く策定されたのは、戦争の終結を予測して準備をしていた官僚がいたからだそうです。この計画はかなり理想的な方針が随所に見受けられ、現在見ても画期的なものです。復興計画の目標では「……国民生活ノ向上ト地方的美観ノ発揚ヲ企画シ地方ノ気候、風土習慣等ニ即応セル特色アル都市集落ヲ建設センコトヲ目標トス」と美観や地方への配慮が見られます。

この政府の復興計画に対して、神戸市も昭和21年3月に「神戸市復興基本計画要綱」を決定しています。これほど早く発表できたのは、戦前の大港都建設計画があったからに相違ありません。その中で町村合併について述べています。

「2．規模

現在の市域は狭小に過ぎ、これの戦前保有せるが如き人口を再び収容するは適当ならざるをもって、将来においては東部および西部の数市町村を合併しさらに復興計画の進捗に従い、六甲山を中心とする北部の数町村を併せて一大港湾都市たるの機能を充分に発揮せしむるに足る市域とし、これに港都の職業構成、食糧配給、住宅および交通状況を考慮して適当なる配置を有する人口量を保有せしめ、近代的都市施設の完備せる大都市を構成するものとす。

ただし、急激かつ過大なる人口集中はこれを抑止するものとす」

としています。

このほかこの要綱では、道路や鉄道をはじめ空港計画まで記載されて、その後の神戸の骨格が決められました。

“神有電鉄”は神戸駅につながる計画だった

神戸市の復興基本計画要綱のなかに、「神戸高速鉄道建設計画要綱」があって、後に神戸高速鉄道となる、神戸の鉄道計画が述べられています。まず東西路線については、「京阪神急行、阪神、山陽各電鉄を直結するものとす」とあり、その通り実現しています。

神有連絡路線については、かなり現在と変わった計画となっています。神有連絡路線は、「地勢勾配および鉄道との連絡関係上高架式にて省線神戸駅に至るものにして終点北、第２号隧道部分より分岐し勧業館東側及び福原町を通り南下し、相生町を過ぎ左折して省線神戸駅に連絡する」とあります。勧業館とは、現兵庫区役所のところにあった戦前の建物で、戦後市役所の分館となっていました。

つまり当時の神有電鉄（現神戸電鉄）は、省線（現ＪＲ）の神戸駅に接続することを優先していました。そのために神有電鉄は、昭和23年に鉄道敷設免許（高架乗り入れ）を申請し、翌24年に「兵庫区東山町より生

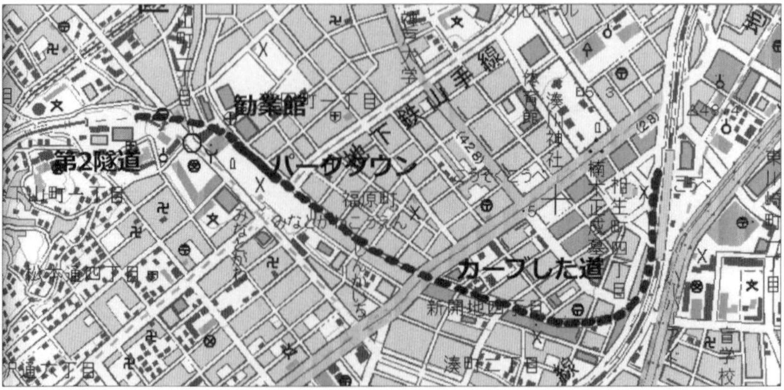

図33　新開地から神戸駅への線路計画　国土地理院地図を加筆

田区相生町に至る高架乗入鉄道敷設免許」を取得しています。

しかしこの計画はその後変更となり、現在のように新開地で止まり、東西の鉄道に連絡することになりました。しかし、計画の変更が遅かったからか、区画整理事業が先行し、相生町付近ではＪＲ神戸線に接続するためのカーブを描いた道路がいまも残っています。

パークタウンの南端

パークタウンの屋上、細長い駐車場になっている

そこでこの記述に沿って鉄道の線形を描いてみました。第２号隧道とは湊川の駅を出て最初のトンネルのことで、ここから分かれて勧業館の東を通ると、いまのパークタウンになります。この細長い商店街の屋上は、いま駐車場になっていますが、ここを鉄道が通る予定だったと聞いたことがあります。「相生町を過ぎ左折して」と、復興計画で描写されていたカーブを描いた道路を経て神戸駅に至ります。

もし神有電鉄がＪＲ神戸駅に繋がっていたら、今の北区の住宅地模様がどのように変わっていたのか、変わらないのか、興味のある問題ですね。

町村の大合併

昭和20年代は、住宅地開発に見るべきものはほとんどありませんでし

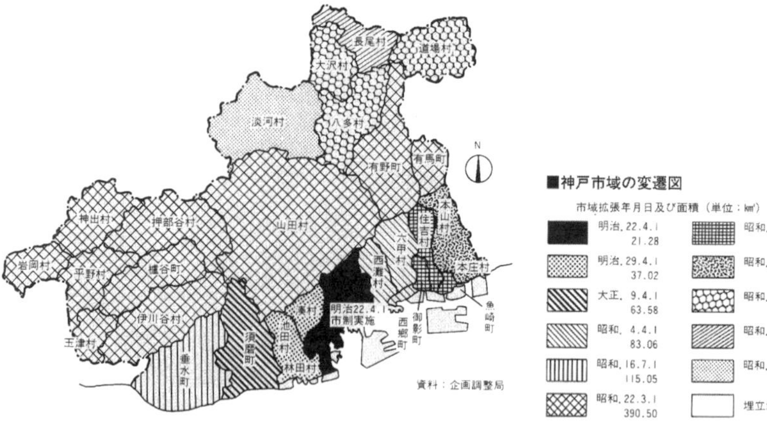

図34　神戸市域の変遷図（「神戸の都市計画」より）

た。しかし、神戸市の住宅地として立地することができる用地は、町村合併によって大幅に増加しました。神戸市は人口を適正に配置させるために、開港以来周辺の町村との合併を繰り返してきましたが、戦後すぐ、合併の機運が一気に高まり、昭和22年には、かねてから計画していた北と西方面の大合併が実現しました。西の旧明石郡の村々とは、昭和17年に合併の仮調印までしていましたが、折からの戦況の悪化で中止になっていました。こちらも戦後になって、一気に進みました。

北神地域も、山田村の一部は早くから神戸市の都市計画区域となっていたのが、ほかの北の町村も合併を希望して、一気に大合併が実現しました。昭和22年には、山田村、有野村、有馬町が神戸市と合併し、その後、八多村、道場村、大沢村、長尾村、淡河村も合併して現在の北区となりました。

三田も昭和22年には、神戸市との合併を希望していましたが、神戸市側の準備不足のために実現しませんでした。また昭和28年に町村合併促進法ができたときも、再び合併の要望がありましたが、これも実現しませんでした。しかし、北神戸と三田とは地理的にも歴史的にも関係が深く、新制中学校ができたときは、有馬郡三田町他3ヶ村で組合立の八景中学校を設立しています。その後は、神戸市及び三田市組合立八景中学校となり、鹿の子台の北神戸中学校ができるまで続いていました。

六甲ハイツ…連合軍家族用住宅地

国も神戸市も復興計画を掲げましたが、昭和20年代は目先の復興住宅の敷地の取得に追われて、本格的な住宅地開発は行われませんでした。そんな中で、神戸に画期的な住宅地が突如として現れました。それは進駐軍による家族持ちの住宅地でした。当時神戸には、神戸駅の西のウエストキャンプと、国際会館の東のイーストキャンプがありましたが、これはかまぼこ型兵舎で、戦地で使われるような粗末なものでした。しかし、いまの神戸大学の工学部と農学部のあたりにあった六甲ハイツは、まるでアメリカの郊外住宅地が神戸へ舞い降りてきたようでした。写真（64ページ）はこれ1枚しかありませんが、図面と合わせてみるとその意図がよくわかります。

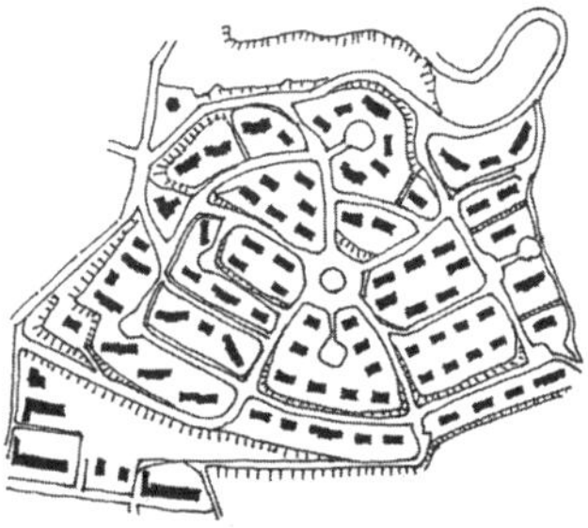

図35　六甲ハイツ配置
（「神戸大学紀要第4号」を加筆）

図面で見るとわかりませんが、写真の奥に平屋建ての住宅が並んでいるのがわかります。その頃、この住宅の様子が金網越しによく見えました。テラスの先には芝生があって、その頃新聞に連載されていたブロンディの漫画を見るような、夢のような光景でした。これを悪く見ると、“こんな文化の国と戦ったのだよ”、といわば見せびらかしのようにも思いました。

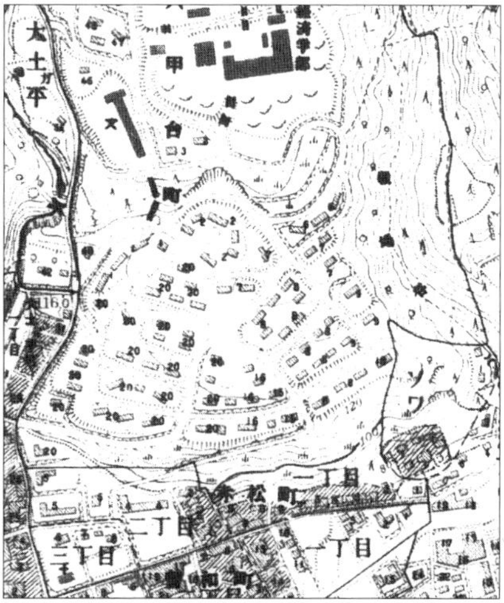

図36　六甲ハイツの位置
（地理調査所　昭和30年頃の地図より）

昭和20年代の六甲ハイツ
（神戸市文書館架蔵　海洋博物館所蔵）

しかし、当時としては豪華な『デペンデント　ハウス』という記録誌をよく読むと、「本書に示された住宅は連合軍家族の大部分に適合するものと考えられるのであるが、又同時に日本人にとっては新住居・新生活様式の先駆と見做されうるものである」と将来の日本の住宅のモデルを提示してくれていたことがわかります。

配置計画の基準では、「道路により囲まれたブロックにはその周辺に住宅をとり、内部には広場を設けて遊戯場とする」とあり、写真と合わせてみると大きなコモングリーンに見えます。また電柱は地下に埋設することになっていて、東京のディペンデントハウスのリンカーンセンターは地下に埋設され電柱はありませんが、六甲ハイツは電柱が立っています。この住宅は日本人が施工していますので、工期が間に合わなかったのか、埋設の技術がまだなかったのかも知れません。

この米軍の家族住宅用の六甲ハイツは、昭和33年12月に接収解除され、完全に撤去されました。このように、落下傘で飛び降りてきて、またヘリコプターで去って行ったような六甲ハイツは、その後の神戸の住宅地開発にどのような影響を残してきたのかは不明ですが、少なくとも戦後の神戸の住宅地の開発史には入れなければならないと思っています。

住宅公団の“みかげ住宅”

昭和25年に住宅金融公庫法、昭和26年に公営住宅法ができましたが、昭和30年にさらに供給主体を増やすために日本住宅公団が発足しました。公団の神戸での最初の住宅が、“みかげ住宅”（東灘区）でした。鴨子が

建設当時のみかげ団地

原の最上部で、松林の中に当時珍しかった三角形のスターハウスが立っていました。まだブルドーザーがなかったのか、緑を残すことにしたためか、斜面に住宅をそのまま並べているので、緑豊かな住宅地となっていました。歩道と車道がほどよく分離されています。

御影から鴨子が原の遠望

その後、全面的に建て替えられたというので見に行きました。あの自然はどのようになっているか少し不安でした。しかし、道路は広がっていましたが、あの緑は保安林として立派に残されていたのでほっとしました。坂が急なので高齢者には厳しいところもあると思いますが、いまでも私の好きな団地の一つです。

昭和30年代の住宅地開発

昭和 30 年代に入ると、やっと本格的な住宅地の開発が始まりました。その第 1 号は前期のみかげ団地のある鴨子が原（東灘区）でした。住宅地として伝統のある御影の山側の松林を開発したものです。県の宅地開発課が造成していますが、一部は昭和 30 年から 32 年にかけて神戸市で最初の個人施行の区画整理を行っています。いまからみても、南斜面の環境のよい住宅地となっています。

舞子台（垂水区）は、神戸市が公団から委託を受けて開発した住宅地で、神戸市の戦後の宅地造成の走りとなっています。現在は周辺が開発されて、どこまでが当初の開発地かわからないくらいになっています。

高雄台（西区）は、三木市との境に近い緑が丘駅の近くにある民間の団地です。雄岡山《おっこさん》の麓に開発された景色のよい団地ですが、当時としても決して便利とは言えない場所に、どうして早期に開発されたのか、少し気になる団地です。

戦前からの住宅地開発の歴史のある大池（北区）は、戦後神戸市と神戸電鉄が共同開発をして、市営住宅と分譲住宅地の大きな団地となりました。

明舞団地（垂水区）は、神戸市と明石市に跨る丘陵地が、住宅公団と県によって開発された当時県下最大の団地です。折しも大阪の千里丘陵で千里ニュータウンが開発されていた頃で、規模や施設からニュータウンと言ってもよかったほどですが、なぜか団地と称しています。

これら30年代の住宅地開発の中で、特筆すべきは多聞台（垂水区）でしょう。それは、規模でも、計画の技術でもありません。その経緯や歴史の重さです。この団地の敷地は、第二次世界大戦末期に、当時の野田市長が特別不動産資金を創設し、その資金で購入したものです。終戦間際の市会で野田市長は「他日復興計画トシテ……コノ不動産取得ハ将来ニ非常ナ貢献ヲスルモノデアラウト存ジマス」と答弁していますが、いまでもその意志の強さをひしひしと感じます。その敷地が、戦後十数年を経て立派な住宅団地として実現したのです（注20）。

完成した当時の多聞台団地
（有野団地のパンフレットより）

背山総合開発計画

「もはや戦後ではない」と経済白書で宣言した昭和30年代に入ると、都市への人口の集中は一層進み、計画的な住宅地の開発の必要性がさらに高まりました。神戸市は、戦前から市街地の計画的な開発の意向を強く持っていましたので、ここにきてやっと背山の総合開発が動き出しました。

昭和35年に、第1回の神戸市背山総合開発計画審議会が開催されています。そのメンバーは専門委員14名、学識経験者50名で、神戸の財界や各団体の代表を網羅しています。もちろん各電鉄の社長も入っています。このそうそうたる顔ぶれを見ると、神戸市側の背山開発への強い意志が感じられます。

神戸市側の委員は26名で、市会と市の主要な局長が入っていますが、その中に戦前の裏山開発調査に関わっていた山本吉之助が神戸市の嘱託として入っていますので、人脈的にも戦前の裏山開発計画が引き継がれているのがわかります。

また専門委員には、大阪市立大学教授の川名吉衛門が名を連ねています。この人は、すぐ後に続く、昭和40年の神戸市の総合計画や、西神ニュータウンの計画に深く関わってくる人ですから、この背山開発計画は、後のマスタープランの幕開けと見ることができます。

空から見た鶴甲団地

この計画の意図は、住宅地の開発は既成市街地ではすでに飽和状態になっているので、新たに住宅地を求めるには西北神か背山に求めるしかない。しかし、どのような開発を積極的に行い、どのような開発は制限するのか、治山・治水、道路、交通などを考察しようとしています。

そして、具体的には、道路計画、宅地開発計画などを一覧表にして発表しています。この中で住宅地は、鴨子が原、鈴蘭台地区、唐櫃地区などすでに開発にかかっているものもありますが、鶴甲山、高尾山や多井畑地区など、後で実現するものなども含まれています。

鈴蘭台土地区画整理事業

鈴蘭台地区（北区）は、市街地から比較的近いことから、戦前から住宅適地として関心を集めていましたが、昭和30年代の終わりから、本格的な郊外住宅地開発が始まります。地元では、西小部《にしおうぶ》と藍那《あいな》を連絡する道路の建設が切実な問題となっていたので、市へ陳情をしていました。たまたま時を同じくして、民間からこのあたりの宅地開発計画を持ち込まれたので、道路建設を条件に協力をすることになったそうです。しかし、水道の供給は一民間企業では不可能とわかったので、神戸市と住宅公団に交渉した結果、規模をさらに大きくすることになり、山田地区では最初の大規模

図37　鈴蘭台団地、施工前（左）と施工後1969年（右）の状況
（神戸市・日本住宅公団パンフレットより）

図38　昭和26年頃の鈴蘭台（大正12年修正　昭和4年鉄道補入）
鈴蘭台の市街地が東へ拡大していることと、
鈴蘭台団地予定地には広い農地があったことがわかる。

開発になりました。

昭和39年から事業を始め、昭和45年には換地処分を完了しています。施工前の地図を見ると、このあたりはかなり広い農地があります。多くの団地開発が山林などの造成を主としているのに対して、ここは美田地区の開発となり、多くの農民と大きな関わりを持つことになりました。

住宅地と合わせて、長田箕谷線などの幹線道路も建設され、その後の落合、藤原台、北神戸第一、第二、第三などの神戸市と住宅公団との提携事業の第一号となりました。

図39　鈴蘭台団地の
紹介パンフレット

注20　大海一雄『西神ニュータウン物語』神戸新聞総合出版センター　2008年

5 団地からニュータウンへ

玉津土地区画整理事業

玉津区画整理地区。中央に枝吉城址が見える。
左上は山陽新幹線（「吉田森友のあゆみ」より）

昭和40年代に入ると、民間の大規模な区画整理が始まりますが、その第1号が玉津土地区画整理事業です。この地区は西区の南部で、県道神戸明石線と国道175号に接する吉田、森友、出合の一部です。昭和37年頃からのスプロールを心配した住民による研究会がきっかけとなって、昭和40年には組合を結成しています。

その後、山陽新幹線がこの地区を通ることとなったほか、遺跡の保存などの問題があったなかで、昭和51年に換地処分が行われています（注21）。

昭和40年のマスタープラン

昭和40年に原口市長は、神戸市総合基本計画（通称・マスタープラン）を発表します。これは神戸市の将来像を示したもので、その主な内容は西神ニュータウン計画のためのものでした。この中の人口配分計画などで、北は団地、西はニュータウンと、かなりはっきり団地とニュータウンの色分けをしています。

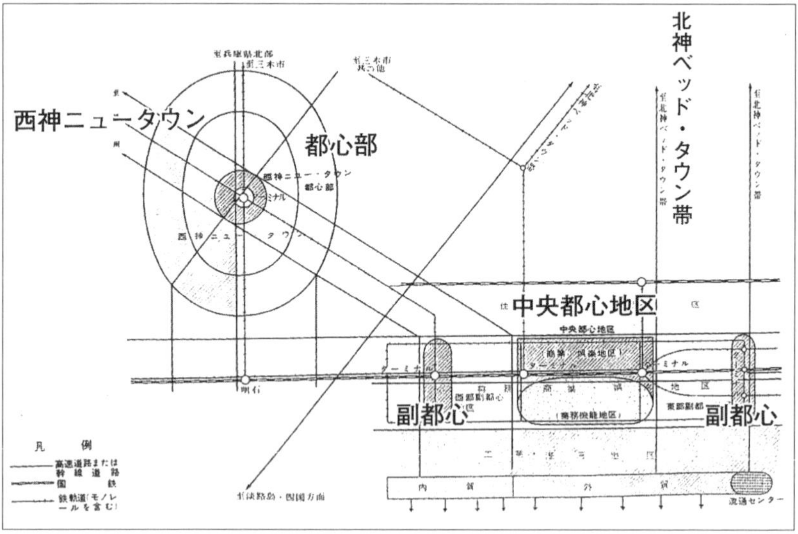

図40　都心・副都心のマスタープラン

西神ニュー・タウン…積極的に西神地区に一つの副都心機能を集中立地せしめる意味において、ニュー・タウンを建設する。

北神ベッド・タウン帯…既成市街地の居住地不足に対処し、同時に北神開発の一環として、ベッド・タウン帯を造成する。

これは、北神の神鉄沿線が団地スプロールのような状態で、すでにベッドタウン群になっていることから、西は工業団地を併設し、職住を近接させたニュータウンを建設することを明確にしたものでした。

団地かニュータウンか

わが国の住宅地を表す言葉はかなり混乱しています。戦前は“住宅地”でしたが､戦後大規模な住宅地として千里ニュータウンが開発された頃に､「これはニュータウンではなくベッドタウンだ」と日本の評論家や外国から来た人に揶揄されました。

近代のニュータウンの起源は、ロンドン郊外のレッチワースとするのが一般的となっています。レッチワースができる以前にも新しい住宅地の試みはありましたが、約110年前にエベネザー・ハワードが「大都会は働くところはあるけれども公害がひどい、一方田舎は緑や自然はたくさんあるが働くところがない。それなら農村と都市が結婚すればよい」とする「明日—眞の改革への平和な道」を発表し、それを実現したからです。

それは寝るだけのベッドタウンではなく、働くところもある、自立的な都市をニュータウンとしました。そのために、当初のわが国のニュータウンは、都市に集まる人たちのための住宅を優先していたので、ベッドタウンと言われたのです。

そのためか、千里に比べては小さいにしても、ニュータウンと言ってもおかしくないくらいの規模や施設の完備した明石舞子は、明舞団地と言っています。しかしその後も、わが国ではベッドタウン的な住宅地も、ニュータウンと言ってきました。

国土交通省は平成22年に「全国のニュータウンリスト」を発表していますが、このリストにおけるニュータウンの定義を示しています。これによりますと、

条件①　昭和30年度以降に着手された事業。

条件②　計画戸数1,000戸以上または計画人口3,000人以上、面積16ha以上。

条件③　郊外での開発事業。

とし、神戸市内では61カ所をあげています。これでは、大きな西神ニュータウンも小さな団地も「ニュータウン」になってしまいます。そこで本書では、言葉の定義にこだわらないで、大きなものをニュータウン、小さいものを団地、広い意味では住宅地という言葉を思い思いに使っています。

わが国では、分譲の集合住宅をマンションと言ってきましたが、これは英語のMansion（大邸宅）からきた言葉で、わが国の“マンション”と大違いでかなり抵抗がありました。しかしその後、マンション学会までできましたので、和製英語といえましょう。ニュータウンもそのうちに日本語

になるかも知れませんね。その点、戦前は「住宅地」か「郊外住宅地」としていて、この方が日本語らしくてよいので、この本は戦前から現代までの、人の住むところをとりあげていることから「神戸の住宅地物語」にしました。

北神地域総合基本計画…市街化地域と分区構想

北神地域は、昭和40年の「神戸市総合基本計画」で北神ベッドタウン帯として取り上げられていますが、その後、さらに検討が加えられ、昭和50年には「北神地域総合基本計画」としてまとめられました。それによりますと、北神地域を3地区に分けるのを適切としています。市街化を進める市街化地域をA、Bの2地区に分割し、それ以外を、市街化を抑制する市街化調整区域Cとしています。

A地区は、すでに市街化がある程度進行している、ひよどり台・鈴蘭台から有馬口までの地域がこれに当たります。これに比べてB地区は、当時

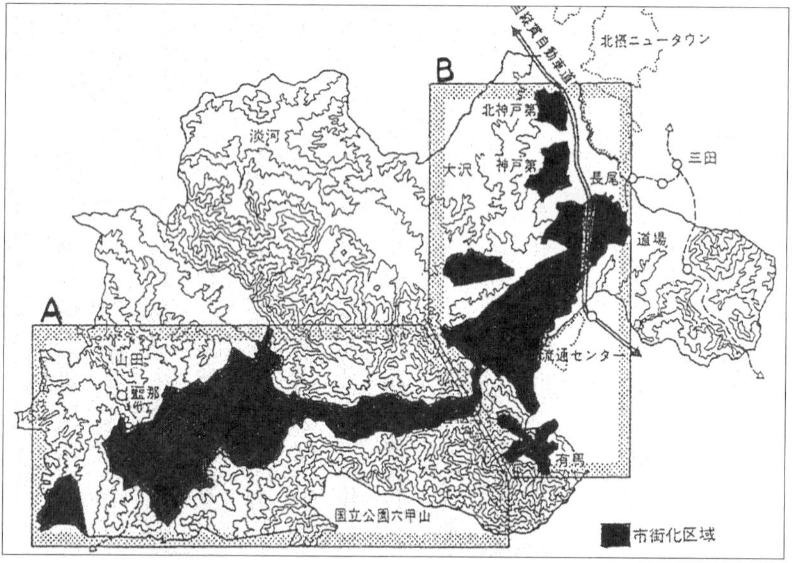

図41 『新修神戸市史　行政編Ⅲ　都市の整備』北神開発計画区域図を加筆

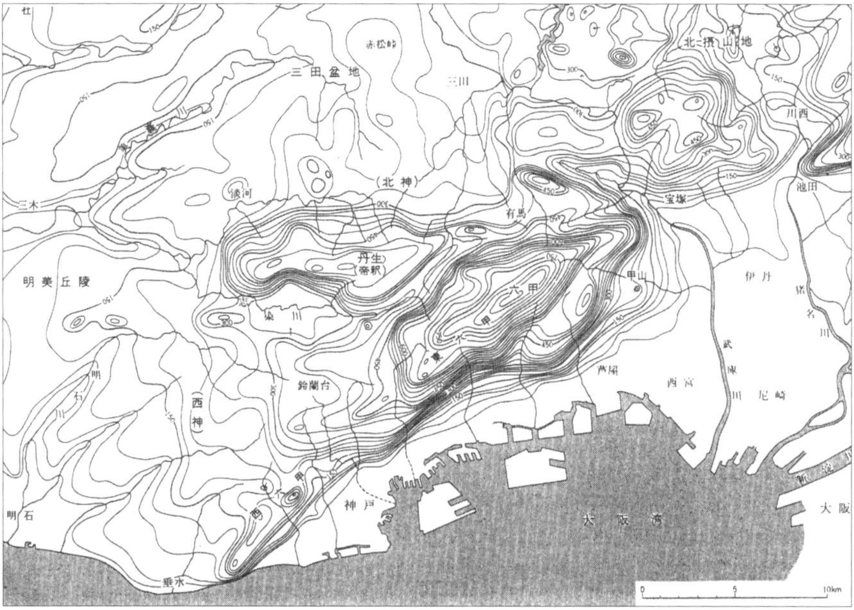

図42　地形図「神戸の茅葺民家・寺社・民家集落」より転載
地形を見ると団地の立地状況がわかる。

はまだほとんど市街地化していない地域で、自立性の高い地域にしようとしています。この地域は、有馬温泉を含む有野団地から、北神戸第３団地にいたる地域がこれに当たります。Ａ地区とＢ地区の境のくびれている有馬口のあたりは、帝釈《たいしゃく》・丹生《たんじょう》山系が六甲山脈に迫っているところで、地形的にもはっきりと二分されていることがわかります。

それ以外のＣ地区は､余暇的利用を計りながらも農業を振興する地域で、六甲山、道場、八多《はた》、大沢《おうぞう》、長尾、淡河《おうご》、山田地区となっています。

昭和50年の「北神地域総合基本計画」を受けて、昭和51年の「新・神戸市総合基本計画」が策定されましたが、このＡ、Ｂ地区を分離独立することをはっきりと述べています。これは、｢北神地域の人口が30万人になることから、この地域の地形的、歴史的、社会的な条件を考慮し、帝釈・丹生山系を境に鈴蘭台・山田ブロックと北部北神ブロックの中心となる二郎地区に北神･北摂地域を圏域とする衛星都心を整備する」としています。

その準備として、市の北神出張所が藤原台に設けられましたが、その後の人口の伸びが鈍化したため、分区の話は立ち消えになってしまいました。

注 21 『吉田森友のあゆみ』神戸市玉津土地区画整理組合　1978 年

6 人口からみた神戸の住宅地

対象とした58団地

それでは、人口から神戸の住宅地を眺めてみましょう。住宅地と言っても大小あって、分類も難しいですが、国土交通省が平成22年に「全国のニュータウンリスト」を作成しています。これによりますと、全国で2,010カ所、神戸市内で61カ所がリストにあがっています。しかし詳しい町名までは示されていないので、現在の人口などは調査できません。

そこで、神戸市が平成17年に行った、いわゆるオールドタウン調査団地をとり上げました。大きなニュータウンでは周辺とはっきりと区画され、独自の町名もあって区画が明瞭です。しかし住宅地の中には、時間がたつと周辺の町とつながって、どこまでが当初の住宅地かわからなくなってきています。しかしこの市の調査では、その住宅地の丁目までを提示しているので、その後の人口の動きを知ることができます。

ところがこの調査は、オールドタウンの調査を目的としているので、昭和60年に1,000人以上の51の住宅地や団地を対象としていますので、その後に入居した団地が入っていません。そこでその後開発が進み、入居が始まった主な住宅地を7カ所追加し、現在の実態がわかるようにしました。追加した団地は、六甲アイランド、神戸北町、北神星和台、藤原台、鹿の子台、上津台と西神南で、それぞれ大きな団地です。もちろんこれ以外の小さな団地は数多くありますが、この58団地で神戸市内の新しく開発された団地の概況を知ることができると思います。

またこの調査は、平成17年の国勢調査までしかありませんので、その後発表された平成22年の国勢調査の人口を加えました。またオールドタウン調査対象の51団地は、平成7年の阪神淡路大震災時の仮設住宅分を除いていますが、ここでは仮設の入居者を含む人口に復活させ、当時の実情がわかるようにしました。

表2　対象58団地一覧表

区	名　称	住　所	入居開始年	平成22年 人口
東灘	渦森台	渦森台1～4丁目	S45（1970）	3,387
	鴨子ヶ原	鴨子ヶ原2～3丁目	S33（1958）	3,929
	住吉台	住吉台	S45（1970）	3,511
	六甲アイランド	向洋町中1～9丁目	S62（1987）	17,711
灘	鶴甲	鶴甲2～5丁目	S43（1968）	5,377
中央	ポートアイランド	港島中町1～8丁目	S55（1980）	15,321
北	青葉台	青葉台	S50（1975）	1,262
	泉台	泉台1～7丁目	S46（1971）	5,917
	大池	大池美山台、西大池1～2丁目 東大池1～3丁目	S39（1964）	7,023
	山の街	小倉台1～7丁目、広陵町1～6丁目、筑紫が丘1～9丁目	S48（1973）	14,465
	北五葉、南五葉	北五葉1～7丁目、南五葉1～6丁目	S45（1970）	13,699
	君影町	君影町1～6丁目	S46（1971）	4,346
	北鈴蘭台	甲栄台1～5丁目、惣山町1～5丁目、若葉台1～4丁目	S45（1970）	10,338
	花山	幸陽町1～3丁目、花山台、 花山東町	S51（1976）	5,106
	東山	鈴蘭台北町3、5～7丁目	S46（1971）	3,704
	星和台	星和台1～7丁目、鳴子1～3丁目	S47（1972）	8,430
	ひよどり台	ひよどり台1～5丁目、ひよどり北町1丁目	S50（1975）	7,337
	箕谷	松が枝町1～3丁目	S49（1974）	2,096
	緑町	緑町2～3丁目、緑町5～6丁目	S49（1974）	2,915
	有野台	有野台1～9丁目、東有野台1～5丁目	S45（1970）	11,197
	唐櫃	唐櫃台1～4丁目	S41（1966）	4,815

	藤原台	藤原台北町1～7丁目、藤原台中町1～8丁目、藤原台南町1～5丁目	H2（1990）	16,320
	神戸北町	大原1～3丁目、桂木1～4丁目、日の峰1～5丁目	H7（1995）	12,709
	鹿の子台	鹿の子台北町1～8丁目、鹿の子台南町1～6丁目	H2（1990）	10,388
	上津台	上津台1～4丁目	H7（1995）	4,949
	北神星和台	京地1～4丁目、菖蒲が丘1～3丁目、西山1～2丁目	H2（1990）	7,500
須磨	高倉台	高倉台1～8丁目	S48（1973）	7,521
	名谷	神の谷1～7丁目、菅の台1～7丁目、西落合1～7丁目、竜が台1～7丁目	S50（1975）	20,728
	落合	北落合1～6丁目、中落合1～4丁目、東落合1～3丁目、南落合1～4丁目	S53（1978）	25,100
	白川台	白川台1～7丁目	S45（1970）	9,983
	北須磨	友が丘1～9丁目	S42（1967）	5,658
	東白川台	東白川台1～5丁目	S58（1983）	2,947
	緑が丘	緑が丘1～2丁目	S45（1970）	1,733
	横尾	横尾1～9丁目	S54（1979）	8,789
	若草町	若草町1～3丁目	S50（1975）	2,096
垂水	ジェームス山	青山台1～8丁目、美山台1～3丁目	S48（1973）	9,506
	舞子台	歌敷山3～4丁目、舞子台1～8丁目	S35（1960）	10,508
	明舞	狩口台1～5丁目、神陵台1～7丁目、南多聞台1～8丁目	S39（1964）	14,519
	塩屋北町	塩屋北町1～4丁目	S49（1974）	2,827
	塩屋台	塩屋台1～3丁目	S42（1967）	2,109
	神陵台	神陵台8～9丁目	S46（1971）	1,592
	神和台	神和台1～3丁目	S52（1977）	1,863
	多聞台	多聞台1～5丁目	S39（1964）	4,192
	つつじが丘	つつじが丘1～7丁目	S54（1979）	4,427
	新多聞	本多聞1～7丁目、学が丘1～6丁目	S49（1974）	21,172
	桃山台	桃山台1～6丁目	S54（1979）	6,556

区	名　称	住　所	入居開始年	平成22年人口
西	西神戸ニュータウン	秋葉台1～3丁目、桜が丘中町1～6丁目、桜が丘西町1～6丁目、桜が丘東町1～6丁目	S50（1975）	11,866
	池上	池上1～4丁目、大津和1～3丁目、南別府1～4丁目	S58（1983）	13,415
	玉津・出会	枝吉1～5丁目、王塚台1～7丁目、中野1～2丁目、持子1～3丁目、森友1～5丁目	S48（1973）	14,569
	岩岡	大沢1～2丁目、上新地1～3丁目、竜が丘1～5丁目	S58（1983）	7,323
	学園都市	学園西町1～8丁目、学園東町1～9丁目	S60（1985）	18,657
	北別府	北別府1～5丁目、天王山	S58（1983）	5,564
	北山台・富士見が丘	北山台2～3丁目、富士見が丘1～5丁目	S48（1973）	4,803
	高雄台	高雄台	S38（1963）	1,025
	月が丘・美穂が丘	月が丘2～7丁目、美穂が丘1～5丁目	S47（1972）	5,596
	福吉	福吉台1～2丁目	S52（1977）	1,062
	西神中央	樫野台1～9丁目、春日台1～9丁目、狩場台1～5丁目、糀台1～6丁目、竹の台1～6丁目、美賀多台1～9丁目	S57（1982）	49,034
	西神南ニュータウン	井吹台北町1～4丁目、井吹台西町1～6丁目、井吹台東町1～7丁目	H5（1993）	28,400

いつ、どこに団地ができたか

図43「年代別住宅地開発図」は、戦後に開発された58団地の分布図です。これを見ると、六甲アイランドを扇の要とし、きれいな扇形に団地が分布しています。神戸の地形に詳しくない人は、途中の空白地帯が六甲山脈とは気が付かないかもしれませんね。

マスタープランが発表された昭和40年代までの団地開発の状況を見ますと、六甲山の裏側に黒い塊が見えますが、これは小さい民間の団地が連なったものです。住宅地には水が絶対に必要なため、市の水道局は、小さ

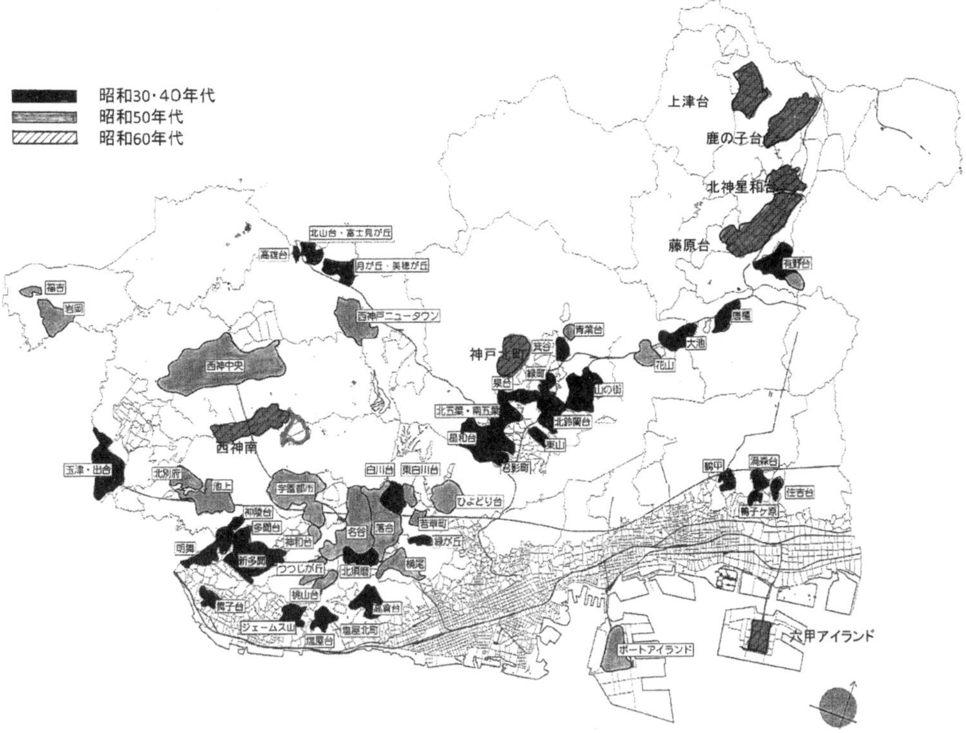

図43　年代別住宅地開発図（51+7＝58団地）
計画的開発団地における方策検討調査報告書を加筆

い団地開発まで情報を集めていましたが、北神地域だけで39団地もありました。

なぜこのようになったのでしょうか。これは、垂水、明石方面の利便性の高いところの開発は限界に近づいたので、北の神戸電鉄方面へ団地がスプロールしていったものと思われます。

神戸電鉄は、戦前からの住宅地開発の経緯があり、都心にもかなり近いので、その利便性が買われていたものと思われます。そこで昭和40年のマスタープランでは、現状を追認するような「ベッドタウン帯の造成」になったものと思われます。

昭和50年代に入ると、神戸市営地下鉄西神山手線が開通し、須磨ニュータウンや西神ニュータウなどの大規模ニュータウンが誕生してきます。

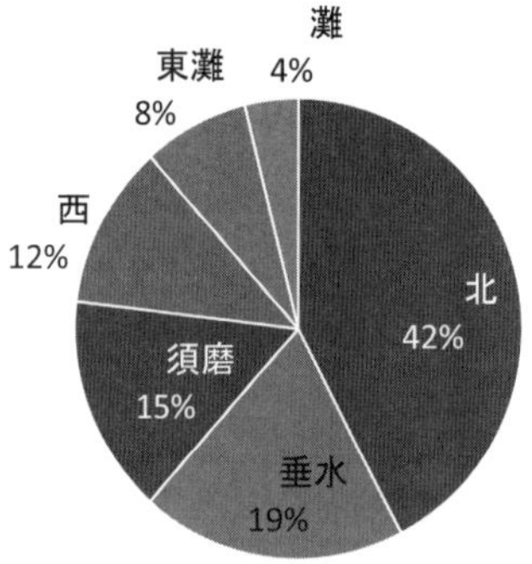

図44　昭和40年代の団地立地件数比

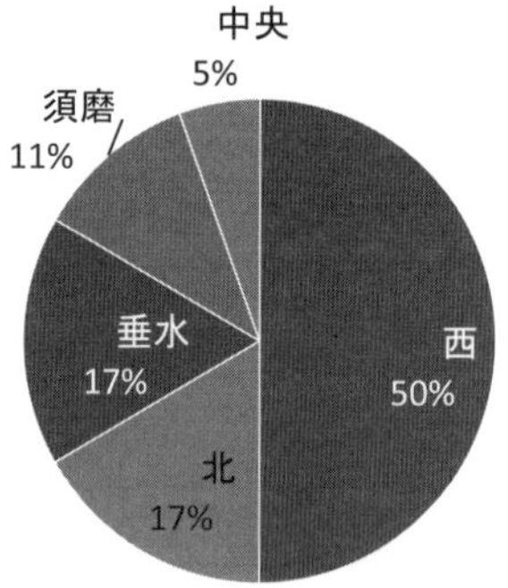

図45　昭和50年代の団地立地件数比

西神ニュータウンは、隣接して工業団地を設け、ニュータウン内に業務施設用地を設けるなど、職住が近接した文字通りのニュータウンで、団地からニュータウンへとマスタープランが目指したようになってきました。

北神地域は、どちらかと言うと小さい団地が多い中で、唐櫃台、有野団地のほか、昭和60年代に入ると、藤原台や北神戸ニュータウンと言われていた鹿の子台、上津台などの大型の団地が続々と登場してきました。これは地元の有野厚生農協などの団体の土地で、神戸市との合併以来の良い関係のままに、地元は開発して利便性を求め、市は人口増加対策としの住宅地開発で合意したものでした。

年代別の58団地の立地数を円グラフにしたのが「昭和40年代、50年代団地の立地」です。これを見ると、昭和40年代は、神戸電鉄沿線と、海岸のJR沿線が団地開発ラッシュになり、北区と垂水区の割合が多いのに対して、50年代になると18団地のうち50%が西区に立地するようになりました。

全市の人口と団地人口

まず図46「神戸市の人口に対する団地人口の割合」をご覧ください。神戸市の人口は阪神淡路大震災で大きく減少しましたがその後回復し、平成

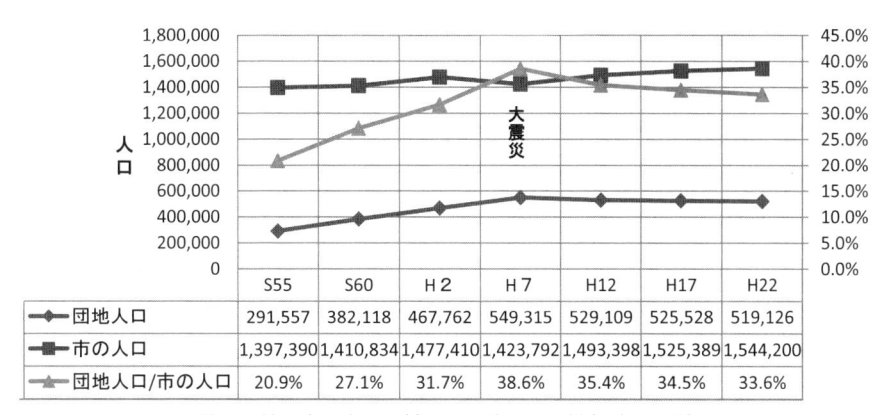

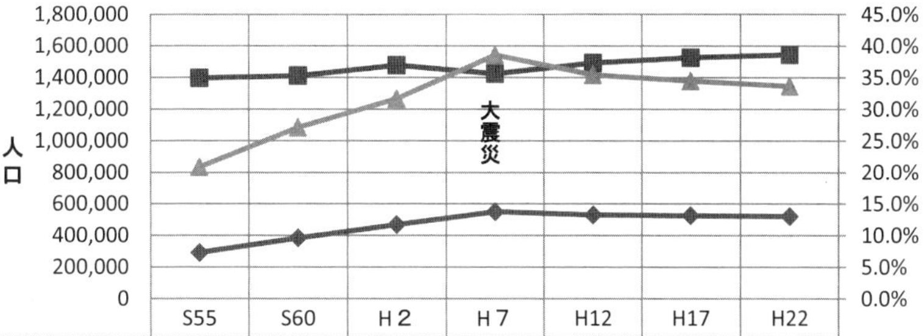

	S55	S60	H２	H７	H12	H17	H22
団地人口	291,557	382,118	467,762	549,315	529,109	525,528	519,126
市の人口	1,397,390	1,410,834	1,477,410	1,423,792	1,493,398	1,525,389	1,544,200
団地人口/市の人口	20.9%	27.1%	31.7%	38.6%	35.4%	34.5%	33.6%

図46　神戸市の人口に対する団地人口の割合（58団地）

22年の国勢調査では154万4,200人と震災前の人口を上回り、いままでの最多となっています。このうち戦後新たに開発された主要な58の住宅地の人口は51万9,126人で市の全人口に対する割合は約34%になっています。団地やニュータウンは、公園や道路が事前に整備され、生活環境は良好です。このような良い生活環境の新住宅開発地に、神戸市民の3人に1人が住んでいることになります。

この数字は、そもそも市域が狭い大阪市や、一方、三田市のように小さな市に大きなニュータウンが開発された都市もあって、一概に比較することは難しいですが、大都市ではかなり高い数字と思われます。

全市の人口に対する団地人口の割合の推移を見ると、昭和55年からは右上がりになり、震災の年がピークで約39%となりました。これは既成市街地で多くの住宅が滅失したうえ、郊外に多数の復興仮設住宅が建設されたためです。その後は一貫して割合は低下していますが、既成市街地で復興の恒久住宅が建設されてきたことのほか、地価の下落などによる都心回帰現象と、新開発地の人口減少が重なった結果です。

区毎の団地人口

全58団地が、どこの区にできたかを見たものが図47「区毎の団地人口」です。神戸市には9つの区がありますが、兵庫区、長田区には、対象となる新開発の住宅地がありませんので残り7区の比較となります。これを見ますと、見事に3つのタイプに分かれています。

非常に人口の多い北区と西区が上位にあって、中位には須磨区、垂水区があります。

上位の北区、西区はともに団地人口は15～16万人台で、他の区に比べて突出して多くなっています。中位の須磨区と垂水区は、戦前の合併町村で、早くから開発が進み、いまでは人口が減少に転じています。下位の3

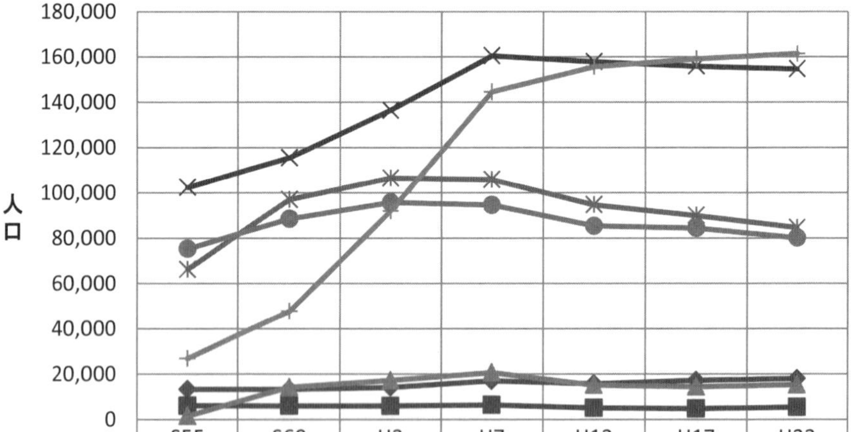

	S55	S60	H2	H7	H12	H17	H22
東灘区	13,277	13,264	14,136	16,988	15,706	17,240	17,974
灘区	6,109	6,025	5,960	6,419	5,045	4,803	5,377
中央区	1,493	14,212	17,250	20,650	15,118	14,417	15,321
北区	102,340	115,428	136,382	160,339	157,707	155,763	154,516
須磨区	66,228	97,007	106,496	105,870	94,630	89,926	84,532
垂水区	75,269	88,481	95,676	94,572	85,362	84,374	80,092
西区	26,841	47,701	91,862	144,477	155,541	159,005	161,314

図47　区毎の団地人口

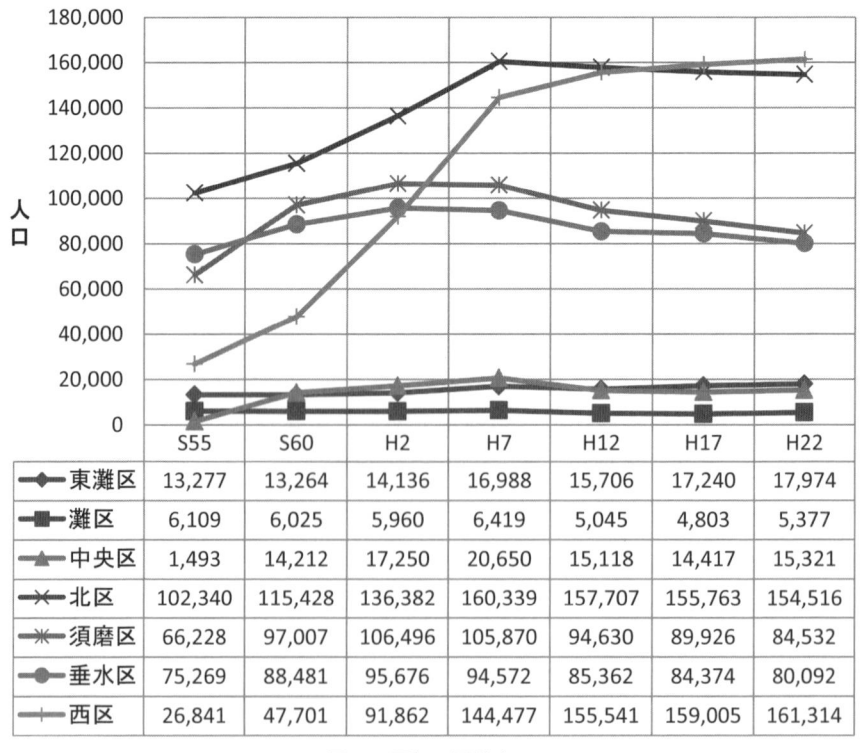

つの区は、六甲アイランドのある東灘区、鶴甲団地の灘区と、ポートアイランドのある中央区ですが、ともにマンションの新設があり、少し団地人口が増加しています。

団地人口からみた北区と西区

区毎では、北区と西区の団地の人口が拮抗しているのが分かります。当初は北区が優位でしたが、西区が追い上げてほぼ同じとなりました。戦後同時に合併した西北神の村々への人口の定着が、順調に進んだことを示しています。

しかし、北区、西区のトータルの団地人口はほぼ同じですが、団地の数では、北区の20団地に対して西区は12団地と少なくなっています。これは西区の方が団地の規模が大きいことを示しています。

この北区、西区の人口に対する団地人口の割合は、それぞれ約68%と約65%で大変高くなっています。また大変似通った割合で、不思議な気もします。昭和40年のマスタープランの人口配分は、西神地区35万人、北神地区25万人となっていましたが、そのときの市の人口計画は180万と大きくなっていたので、その通りにはなっていませんが、大まかには目

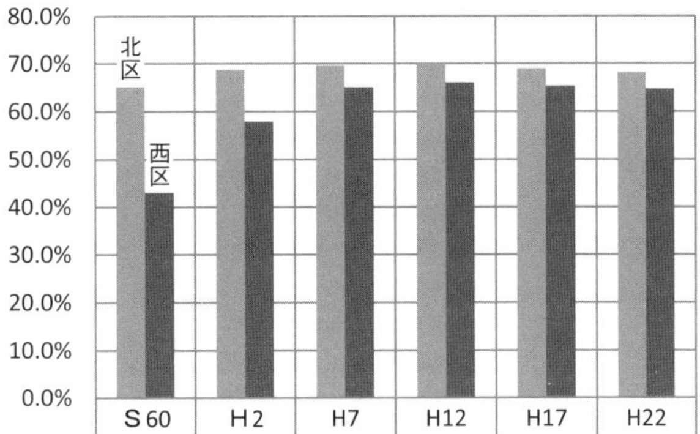

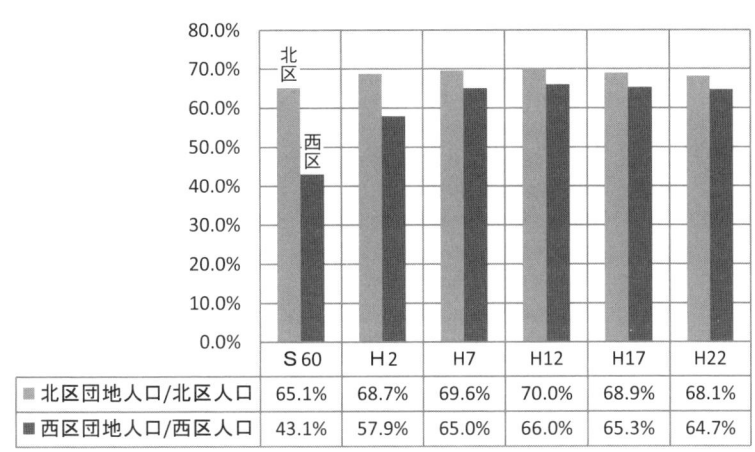

	S 60	H 2	H7	H12	H17	H22
■北区団地人口/北区人口	65.1%	68.7%	69.6%	70.0%	68.9%	68.1%
■西区団地人口/西区人口	43.1%	57.9%	65.0%	66.0%	65.3%	64.7%

図48　北区・西区の人口に対する団地人口

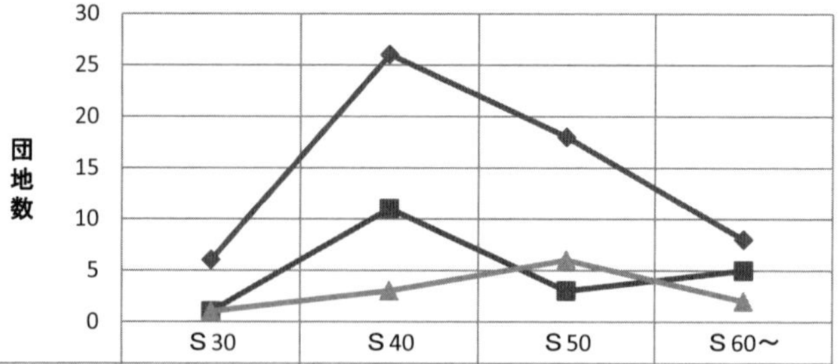

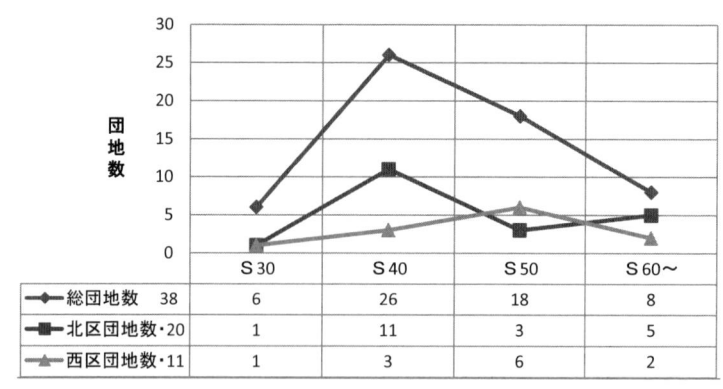

	S 30	S 40	S 50	S 60～
総団地数　38	6	26	18	8
北区団地数・20	1	11	3	5
西区団地数・11	1	3	6	2

図49　北区・西区の団地数（58団地）

標値に達したとみることができます。

このように西北神地域は、市の適正な人口配分に大きな役割を担っていることになります。

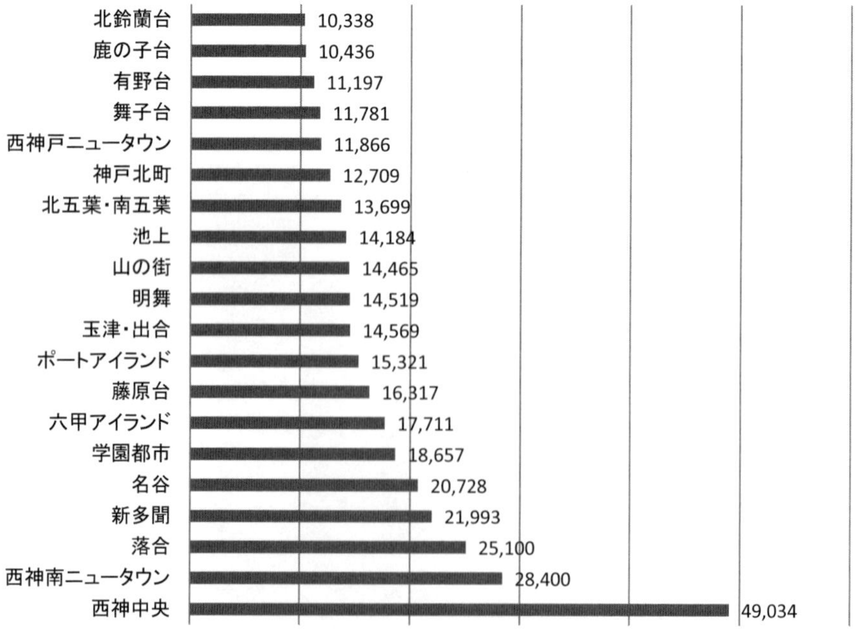

図50　主要20団地の人口　平成22年国勢調査

団地の規模比べ…20団地の抽出

次に抽出した58団地の規模を調べてみました。比べる指標としては開発面積や棟数もありますが、ここでは人口によって比較しました。その結果、1万人以上の20団地を抽出したのが図50「主要20団地の人口」です。

最大の団地は西神住宅団地（西神中央）で、平成22年の人口で約5万人です。最大でも正式名称が西神住宅団地になっていて不思議な感じもします。百貨店やショッピングセンターはじめホテルや大病院もあって、衛星都市の役割を担っています。

人口1万人以上の団地20のうち9位までは、神戸市や公団の公的機関が開発した団地で、しかも規模が大きいことがわかります。そこで20団地について、次章でさらに詳しく見てみましょう。

7 主要20団地の人口推移

神戸市の人口動向

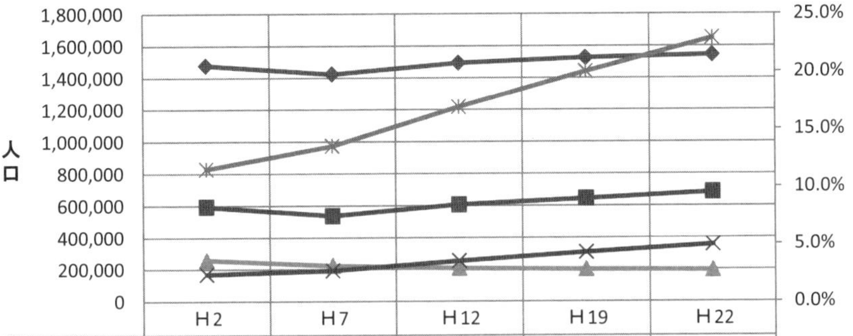

	H2	H7	H12	H19	H22
人口	1,477,410	1,423,792	1,493,398	1,525,393	1,544,200
世帯数	593,151	536,508	606,162	643,351	684,183
15歳未満	256,836	223,364	206,703	199,608	194,963
65歳以上	169,316	192,703	252,427	305,301	354,218
高齢化率	11.5%	13.5%	16.9%	20.0%	22.9%

図51　神戸市の人口動向

各主要団地の人口統計を見る前に、神戸市の全体の数字をご覧ください。各団地の数値が、全市平均とどのように異なるのか比較することができます。

総人口はいまのところ横ばいですが、世帯数は増加しています。15歳未満は徐々に減少していますが、高齢者の数は一方的に増加し、高齢化率は、現在22.9%となっています。

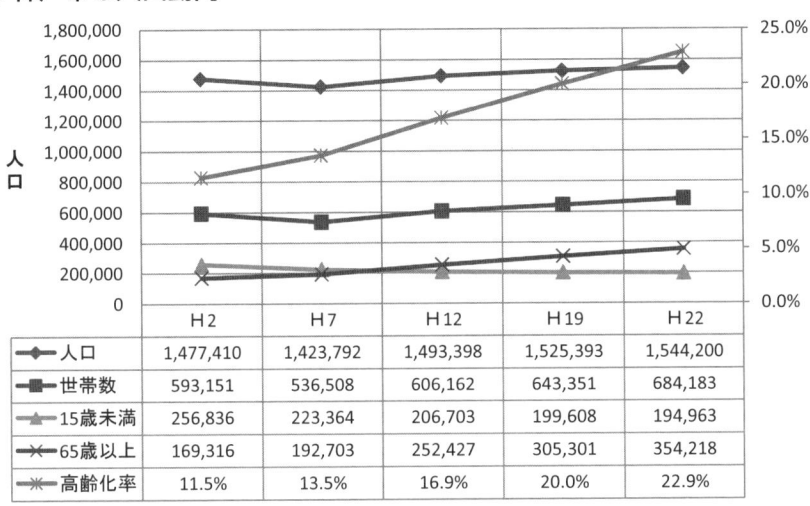

人口が増加している団地

郊外の新住宅開発地はいま少子高齢化のほか、若年層の流出でどこも人口の減少に悩んでいます。子どもが生まれて人口が増える自然増は、昨今の少子化でどこにも見当たりません。また会社や工場ができて、人口が増える社会増もありません。このように、人口が増えているところはほとんどありません。

そのなかで、平成17年から22年の間に、人口が増加しているところが20団地のうち9団地ありました。そこで調べてみると、それらは、現在開発中の団地か、マンションが新規に供給されたところでした。

まず、現在も開発中の団地で、盛んに分譲が行われているところは、山の街の小倉台、藤原台、鹿の子台、西神南の井吹台北町と神戸北町の桂木4丁目です。

次に新規にマンションが建設されたところでは、六甲アイランド、ポートアイランド、学園都市、藤原台、舞子台です。六甲アイランドでは、かつて会社のグラウンドだったところに巨大なマンションが建設されましたし、ポートアイランドも進出した大学の近くに新しいマンションが建設されました。学園都市は業務用地などがマンションに建て替わったもので、舞子台は社宅がマンションになって人口が増加したものです。

高齢者が多い団地と少ない団地

図52「高齢化率」は20団地の高齢化率（65歳以上が占める割合）です。高齢化率が9.8%と一番低い池上から35.2%と一番高い明舞団地からまで見事に連なっています。市の平均22.9%を中央にして、高齢化率の低い上側の団地もあれば、下側の高齢化率の高い団地もあります。これを見ると「ニュータウンのオールドタウン化」などと、一概に言えないことがわかります。

図の下側の高齢化率の高い団地は、一般的には入居が古い団地と、公的賃貸住宅の多い団地と言えます。少し個々に見てみましょう。

20団地の中で高齢化率の一番高いのは明舞団地です。明舞は、「明石舞子」の略で、神戸市と明石市に跨って開発された、県下では大変古い住宅

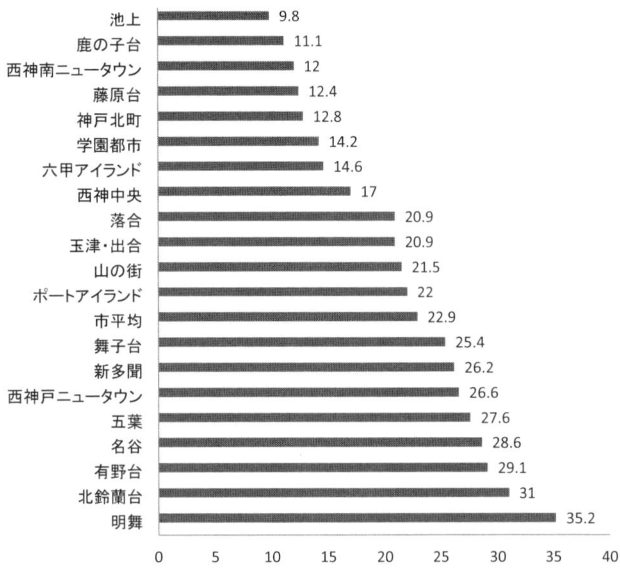

図52　高齢化率（%）20団地

団地です。神戸市側は狩口台、南多聞台、神陵台ですが、入居者の住み替えがあまり行われないのか、すべての町で高齢化が進んでいます。

次に高齢化率の高いのは北鈴蘭台です。ここは市営住宅が多い甲栄台と、戸建て住宅の多い若葉台、惣山町からなっています。それぞれの町の高齢化率をみると、甲栄台が、34.2%、若葉台が30.1%、惣山町は25.5%と少し低いですが、団地の平均としては31%と大変高くなっています。

図のちょうど真ん中付近に山の街があります。ここの入居は昭和48年とかなり古いのに、高齢化率は市の平均以下になっていました。これは、当初開発地の広陵町と筑紫が丘に隣接して、小倉台が新規に開発されて若年層の入居が続いているからです。

続いて上側の高齢化率の低い団地を見てみましょう。一番上の池上は特殊な例で、後でまた詳しく見ます。それ以外の、神戸北町、藤原台、西神南、鹿の子台は比較的若い団地で、まだ宅地や住宅の分譲中です。学園都市は、土地利用が変わってマンションが立地し、若年家族が入居して高齢化率を下げました。

以上は人口1万人以上の20団地の比較ですが、58団地まで範囲を広げますと高齢化率もかなり変わってきます。高齢化率が一番高いのは北須磨団地で43.9%、2位は神陵台8～9丁目で38.4%です。3位の高倉台の35.2%は明舞団地と同じ値です。このように統計の範囲を小さくすると特異な高齢化率も出てきますが、この数値だけで過疎地の限界集落と比較することは少し乱暴な議論と思われます。

子どもの多い団地と少ない団地

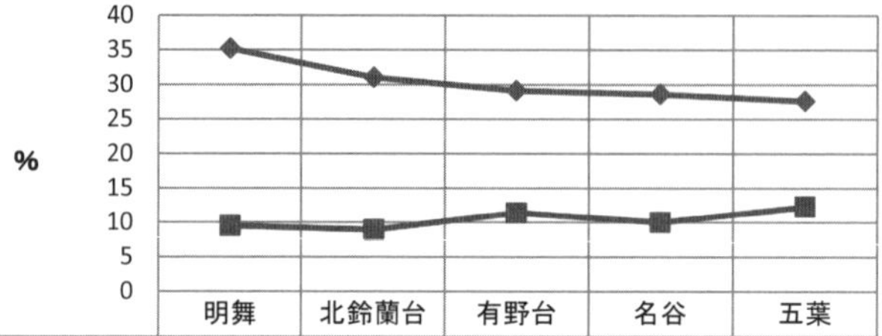

	明舞	北鈴蘭台	有野台	名谷	五葉
高齢者率	35.2	31	29.1	28.6	27.6
15歳未満率	9.5	8.9	11.4	10	12.3

図53　高齢者率と若年率（%）

次に15歳未満の率を見ると、高齢者の率と反比例していることがわかりました。高齢者率の高い団地は若年層が少なくなっています。若年率が21.3%と一番高い西神南は、井吹台北町で分譲住宅の販売が進行中で、仮設校舎が建てられるほど子どもたちでにぎわっています。一方高齢者率が高かった北鈴蘭台や明舞団地では、若年層は少なくなっています。

高齢化率も若年率も低い不思議な団地…大津和

高齢化率が高いところは若年率も少ない傾向にありますが、高齢化率も若年率も低い不思議なところがあります。高齢化率も若年率も低いことは、その中間の生産年齢層が高いことになります。そこで年齢別の推移を調べてみますと、毎年20歳から24歳が高くなっています。そうです、ここ大津和は学生の町でした。神戸学院大学の寮などがあって、毎年同じ年齢の層が入学し、卒業すると去っていきます。

しかし、図54のユニコーン（一角獣）をよく見ると、平成7年には約1,200人いた学生層は、同22年には約半分に減っています。これは、同

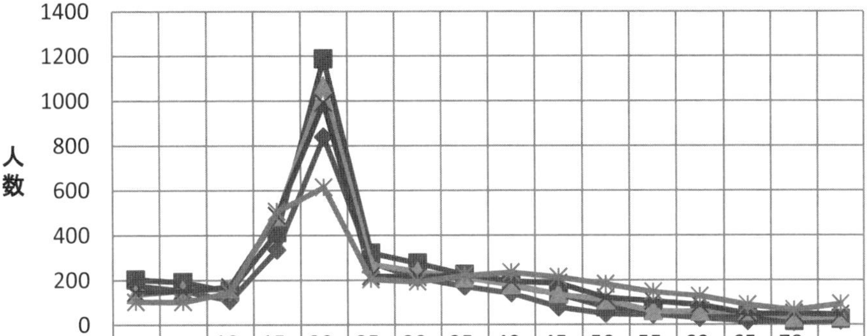

	0-4	5-9	10-14	15-19	20-24	25-29	30-34	35-39	40-44	45-49	50-54	55-59	60-64	65-69	70-74	75-
H2	176	153	108	335	838	277	209	171	140	77	48	45	30	15	11	16
H7	203	191	150	412	1,1	320	275	224	175	135	77	61	56	39	15	25
H12	136	155	163	484	1,0	271	238	210	178	136	108	59	58	56	29	32
H17	144	152	170	487	990	217	213	225	195	186	121	104	88	48	49	44
H22	102	101	144	505	613	203	192	220	234	212	181	146	128	88	65	92

図54　池上大津和年齢別人口推移

19年にポートアイランドに大学の一部を移転した影響と思われます。

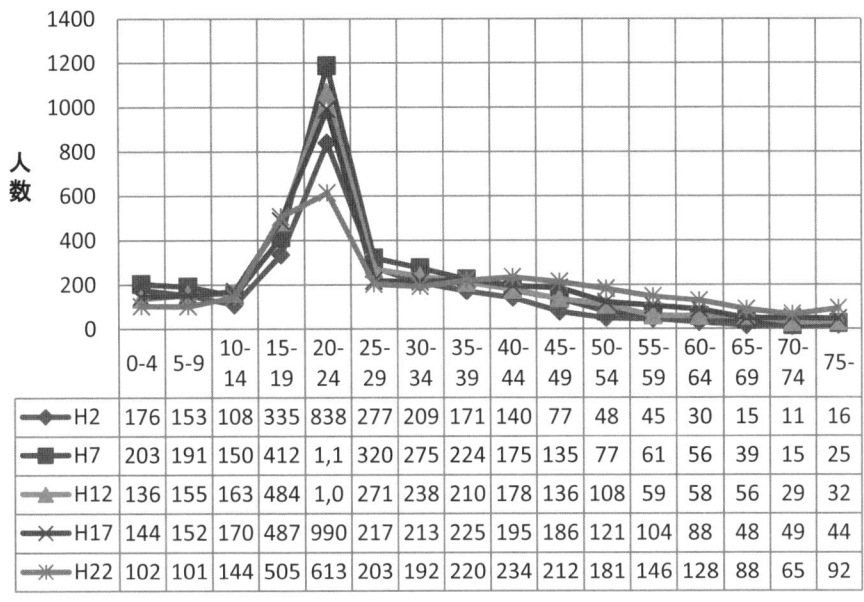

● 20団地の人口動向（人口の多い所から）

① 西神中央（西神住宅団地）（西区・入居1982年）

西神ニュータウンは、西神中央、西神南、学園都市の3つの地域からなり、神戸で一番大きなニュータウンです。その中の西神中央は地下鉄山手線の終点で、都心の三宮から約30分です。

樫野台の高層住宅

人口のグラフで、平成7年が人口、高齢化率などが異常

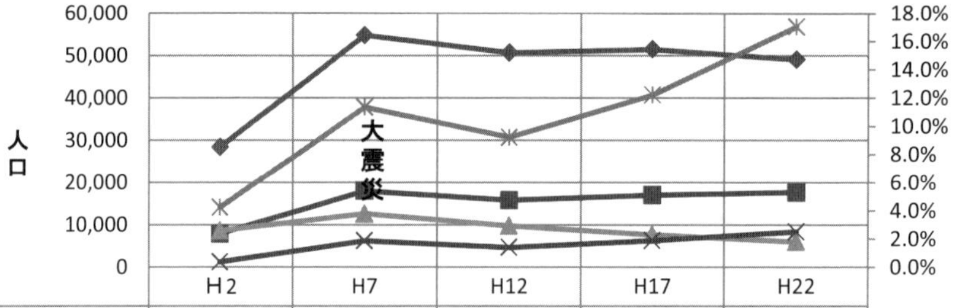

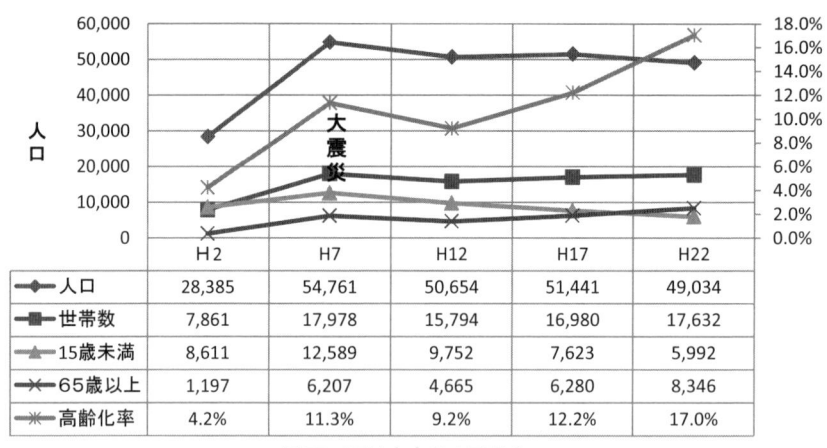

	H2	H7	H12	H17	H22
人口	28,385	54,761	50,654	51,441	49,034
世帯数	7,861	17,978	15,794	16,980	17,632
15歳未満	8,611	12,589	9,752	7,623	5,992
65歳以上	1,197	6,207	4,665	6,280	8,346
高齢化率	4.2%	11.3%	9.2%	12.2%	17.0%

図55　西神中央の人口動向

に高い山になっていますが、阪神淡路大震災の仮設住宅がたくさんできたからです。平成24年で入居30年になりましたが、人口減少のカーブがそれほど大きく下がっていないのは、いまも新規の分譲が行われているからです。

② 西神南ニュータウン（西区・入居1993年）

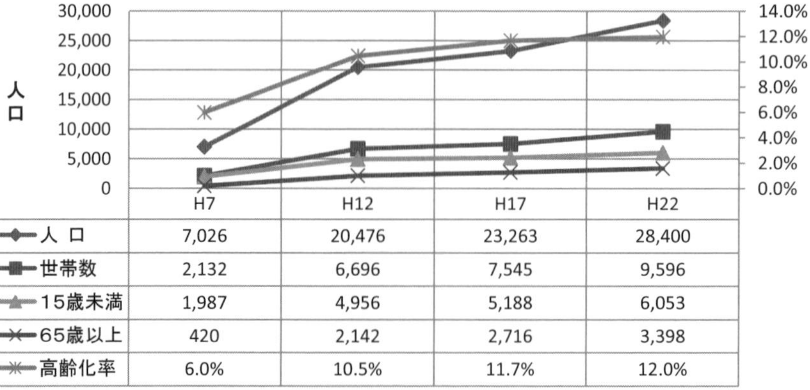

	H7	H12	H17	H22
人口	7,026	20,476	23,263	28,400
世帯数	2,132	6,696	7,545	9,596
15歳未満	1,987	4,956	5,188	6,053
65歳以上	420	2,142	2,716	3,398
高齢化率	6.0%	10.5%	11.7%	12.0%

図56　西神南ニュータウンの人口動向

西神南は人口、15歳未満人口、世帯数、高齢化率ともに右上がりという大変珍しい団地です。これは、井吹台北町という新しい町が目下分譲中で、若年世帯の入居が続いているからです。ニュータウンの初期の頃を思い出させます。

西神南の夜景

③ 落合（須磨区・入居 1978 年）

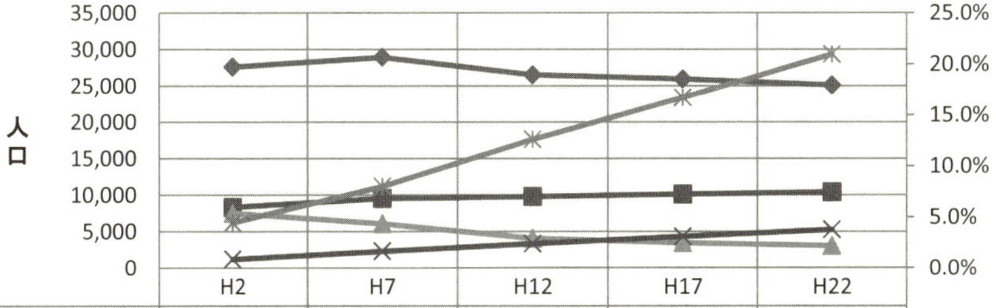

	H2	H7	H12	H17	H22
人 口	27,622	28,920	26,516	25,952	25,100
世帯数	8,331	9,559	9,783	10,117	10,401
15歳未満	7,527	6,078	4,085	3,458	3,072
65歳以上	1,228	2,309	3,338	4,330	5,256
高齢化率	4.4%	8.0%	12.6%	16.7%	20.9%

図57　落合の人口動向

落合団地は区画整理の手法で開発された団地です。まだ空地もあって時々分譲住宅やマンションが建設されますので、人口の減少も緩やかです。

中層住宅が多い落合団地

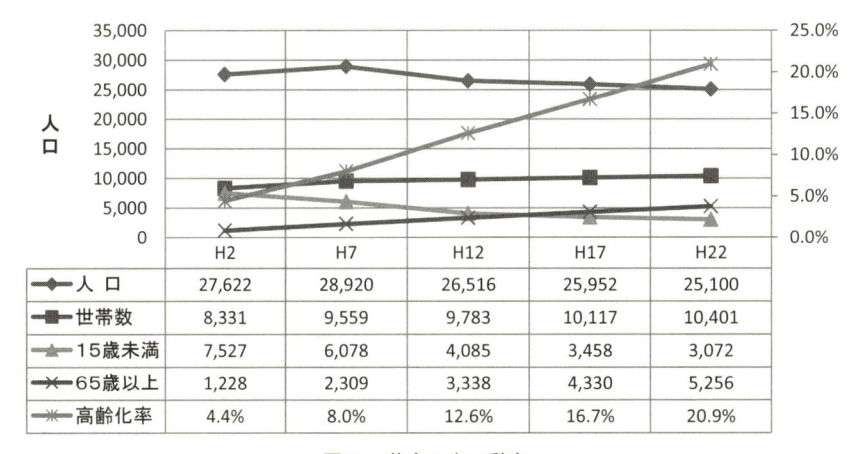

④ **新多聞**（垂水区・入居 1974 年）

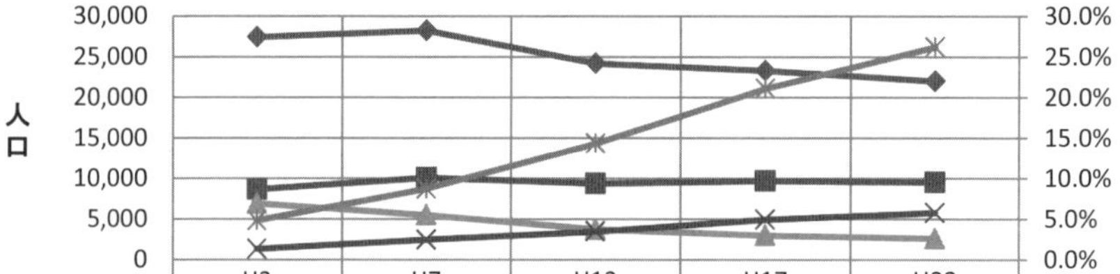

	H2	H7	H12	H17	H22
人 口	27,413	28,236	24,188	23,302	21,993
世帯数	8,649	10,066	9,370	9,680	9,520
15歳未満	6,907	5,493	3,741	2,965	2,614
65歳以上	1,318	2,457	3,463	4,913	5,759
高齢化率	4.8%	8.7%	14.3%	21.1%	26.2%

図58　新多聞の人口動向

新多聞団地は、公団が開発した大団地で、公団の賃貸住宅や市営住宅の他、一戸建て住宅もたくさんあります。

人口の推移では、平成７年は震災の仮設住宅のせいで増加したほかは、ほかの団地とよく似ています。

新多聞団地。遠くに多聞団地が見える

⑤ **名谷**（須磨区・入居 1975 年）

名谷団地は、須磨ニュータウンの主要団地の一つです。入居が昭和 50 年ですから、地下鉄沿線では古い方です。人口減少は激しい一方で、高齢化率は大きく上昇しています。

名谷団地　松尾山から神の谷を望む

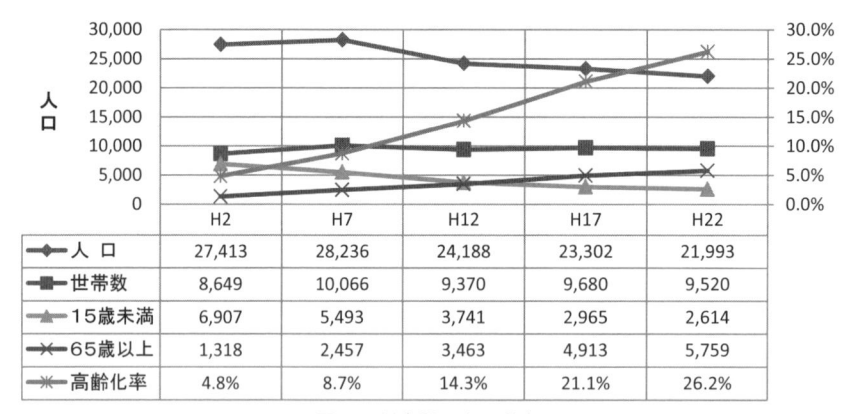

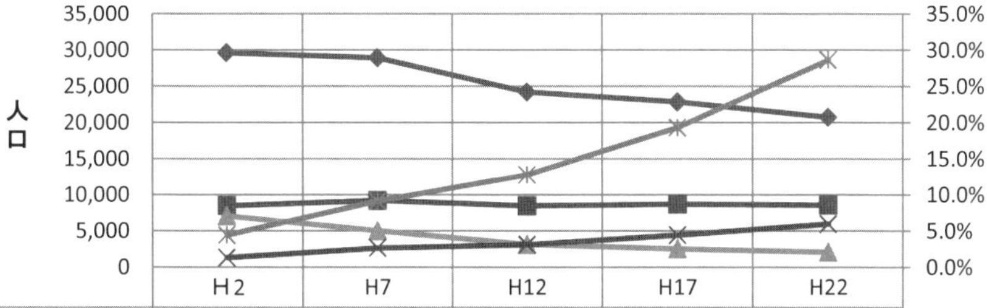

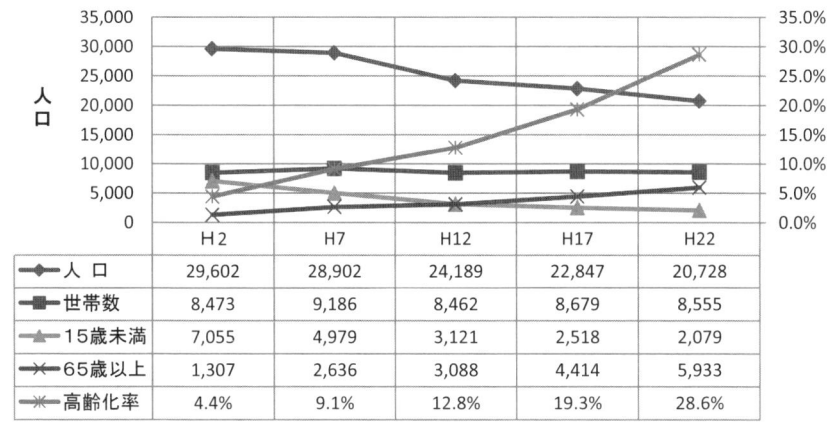

	H2	H7	H12	H17	H22
人 口	29,602	28,902	24,189	22,847	20,728
世帯数	8,473	9,186	8,462	8,679	8,555
15歳未満	7,055	4,979	3,121	2,518	2,079
65歳以上	1,307	2,636	3,088	4,414	5,933
高齢化率	4.4%	9.1%	12.8%	19.3%	28.6%

図59　名谷の人口動向

⑥ 学園都市（西区・入居 1985 年）

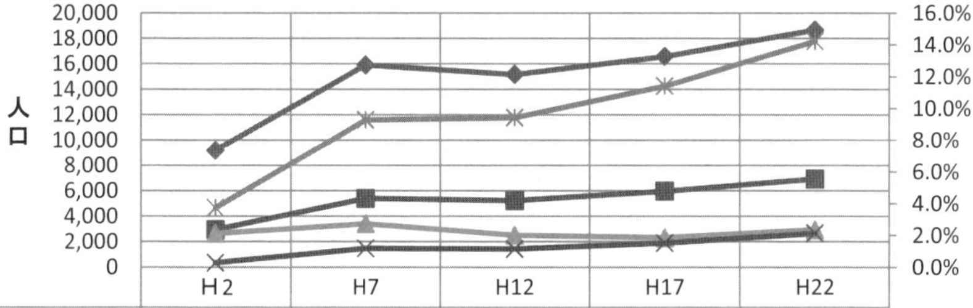

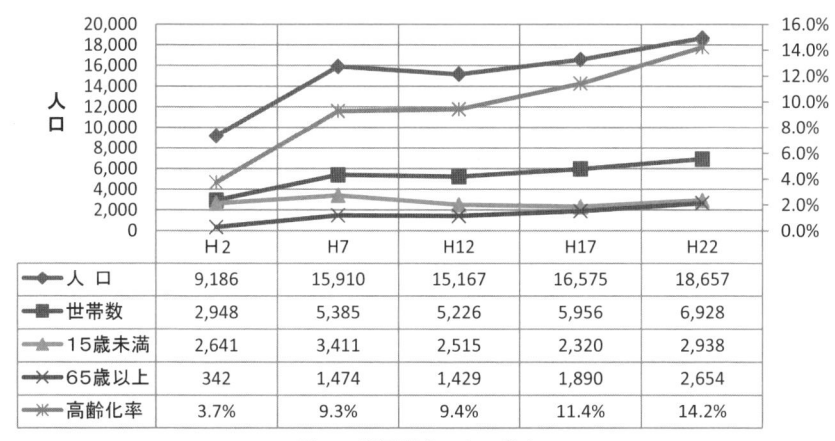

	H2	H7	H12	H17	H22
人 口	9,186	15,910	15,167	16,575	18,657
世帯数	2,948	5,385	5,226	5,956	6,928
15歳未満	2,641	3,411	2,515	2,320	2,938
65歳以上	342	1,474	1,429	1,890	2,654
高齢化率	3.7%	9.3%	9.4%	11.4%	14.2%

図60　学園都市の人口動向

学園都市は、昭和 60 年のユニバーシアードの年に入居が始まりましたので、それほど新しい団地ではありません。しかし人口が少し増えているのは、ダイエーの体育館の跡地などに大規模のマンションが建設されたためです。平成 7 年の人口などの山は、震災の仮設住宅の影響です。

学園都市中心部の遠望

海上に浮かぶ六甲アイランド

⑦ 六甲アイランド（東灘区・入居 1987 年）

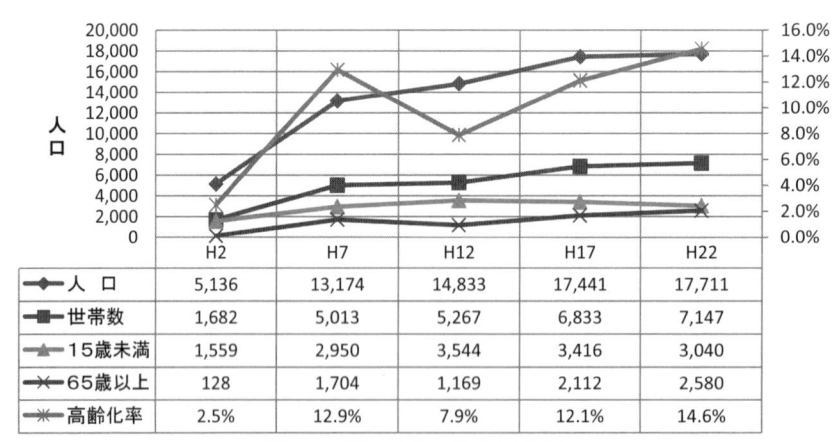

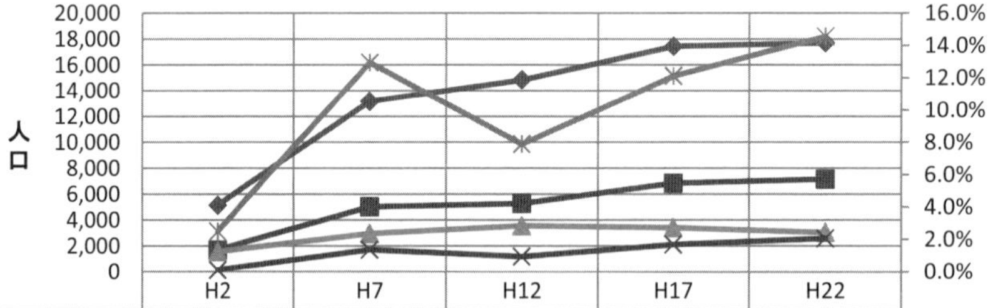

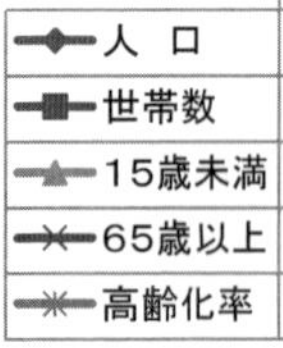

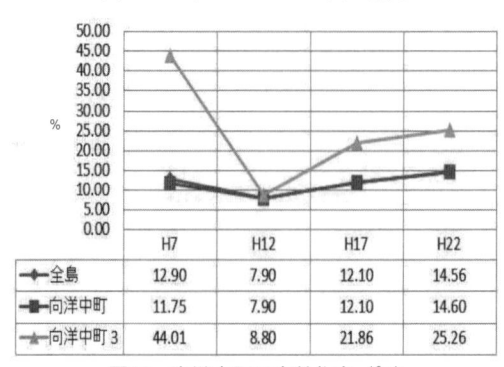

	H2	H7	H12	H17	H22
人　口	5,136	13,174	14,833	17,441	17,711
世帯数	1,682	5,013	5,267	6,833	7,147
15歳未満	1,559	2,950	3,544	3,416	3,040
65歳以上	128	1,704	1,169	2,112	2,580
高齢化率	2.5%	12.9%	7.9%	12.1%	14.6%

図61　六甲アイランドの人口動向

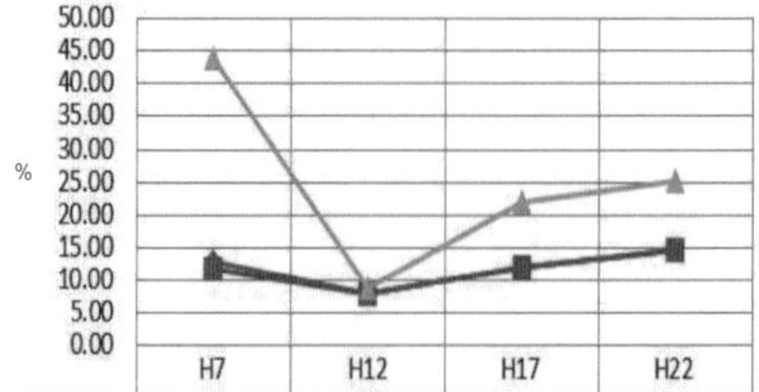

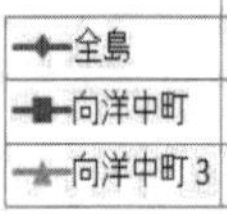

	H7	H12	H17	H22
全島	12.90	7.90	12.10	14.56
向洋中町	11.75	7.90	12.10	14.60
向洋中町 3	44.01	8.80	21.86	25.26

図62　向洋中町の高齢化率（%）

六甲アイランドの高齢化率は不思議な動きをしています。平成7年は震災復興の仮設住宅2,090戸が建設された結果、高齢化率が上がっています。次の国勢調査時の平成12年には元のように下がっていますが、さらに平成17年にはまた急激に上がっています。これは高齢者の施設ができたために再び高齢者率が上昇したのでした。

このように、町単位で人口の動き調べてみますと、町の小さな歴史を知ることができます。

⑧ 藤原台（北区・入居1990年）

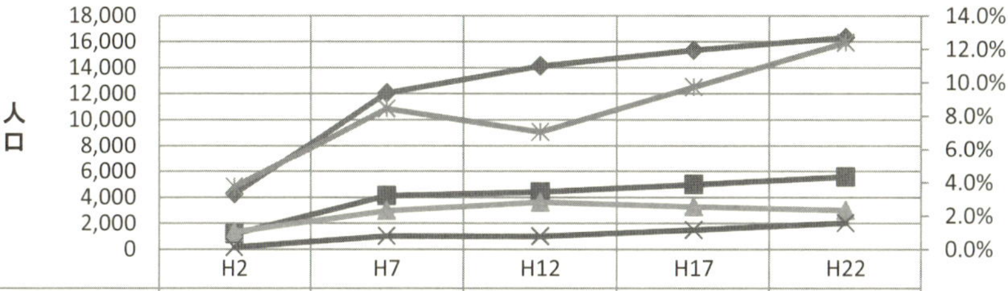

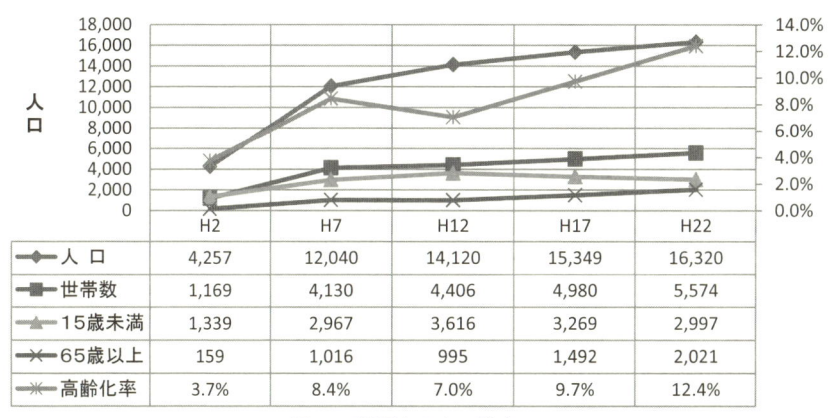

	H2	H7	H12	H17	H22
人口	4,257	12,040	14,120	15,349	16,320
世帯数	1,169	4,130	4,406	4,980	5,574
15歳未満	1,339	2,967	3,616	3,269	2,997
65歳以上	159	1,016	995	1,492	2,021
高齢化率	3.7%	8.4%	7.0%	9.7%	12.4%

図63　藤原台の人口動向

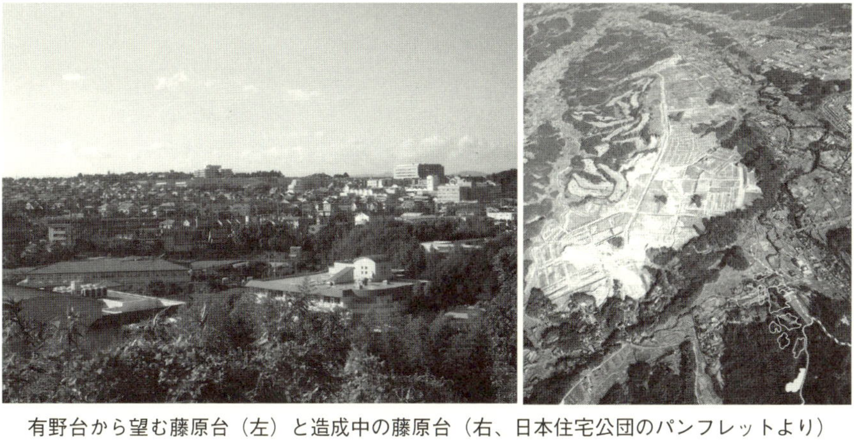

有野台から望む藤原台（左）と造成中の藤原台（右、日本住宅公団のパンフレットより）

住宅公団と神戸市が区画整理で開発した大きな団地で、北神の行政や商業の中心となっています。いまもまだ空地があって、共同住宅などが建設され、人口が増加している町もあります。平成7年の高齢化率が高いのは、復興仮設住宅がたくさん建設されたためです。

⑨ ポートアイランド（中央区・入居1980年）

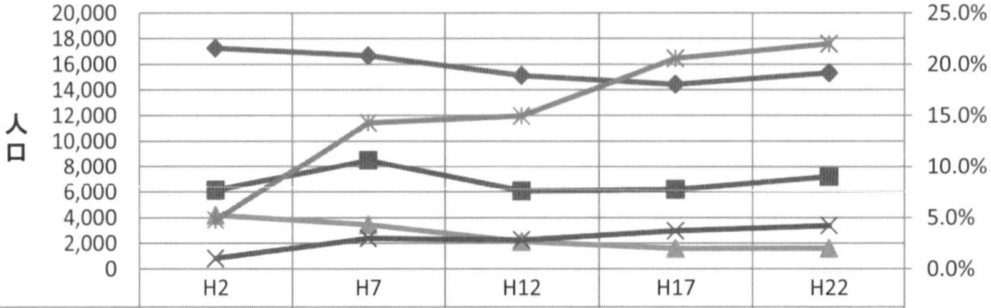

	H2	H7	H12	H17	H22
人　口	17,250	16,674	15,118	14,423	15,321
世帯数	6,143	8,491	6,075	6,180	7,191
15歳未満	4,186	3,447	2,131	1,578	1,590
65歳以上	822	2,382	2,260	2,966	3,367
高齢化率	4.8%	14.3%	14.9%	20.6%	22.0%

図64　ポートアイランドの人口動向

ポートアイランドは島なので、住宅地は拡大できないと思っていましたが、かつての臨港地区にマンションができたので人口が増加しています。

ポートアイランドを実現させた原口忠次郎像

ポートアイランド。林立する高層住宅

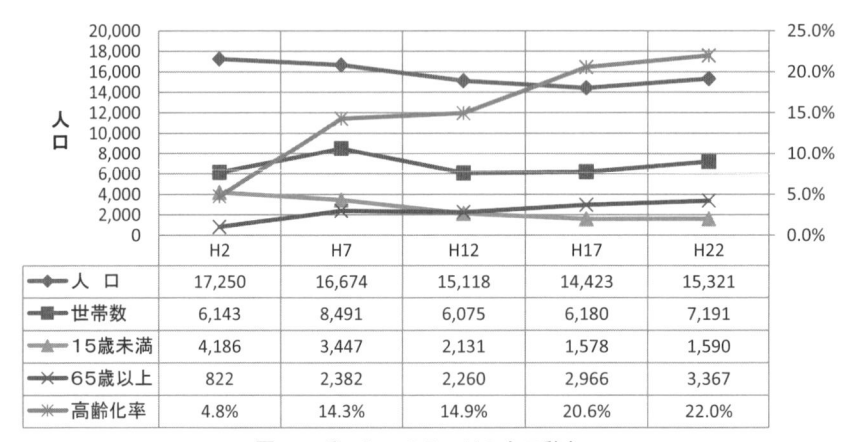

⑩ 玉津・出合（西区・入居 1973 年）

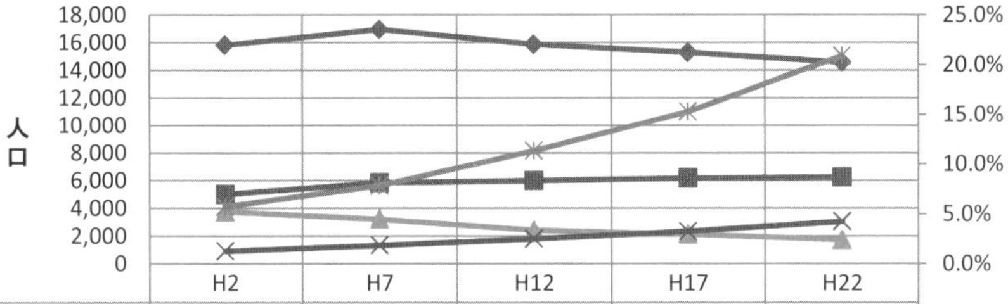

	H2	H7	H12	H17	H22
人 口	15,815	16,941	15,855	15,270	14,569
世帯数	5,012	5,833	5,994	6,174	6,246
15歳未満	3,740	3,203	2,409	2,121	1,730
65歳以上	904	1,324	1,794	2,333	3,044
高齢化率	5.7%	7.8%	11.3%	15.3%	20.9%

図65　玉津・出合の人口動向

玉津・出合は区画整理で開発された地区で、いまではどこまでがその範囲かわからないくらいの普通の住宅地となっています。しかし、ところどころに、従前居住者の家と思われる和風の大きな家があって、かつての村の面影を残しています。

玉津・出合地区内にある王塚古墳

⑪ 明舞（垂水区・入居 1964 年）

昭和 30 年代に開発された、兵庫県下では最初の計画的な団地です。神戸市と明石市に跨って計画されましたが、この人口の推移は神戸市側の数字です。一斉に入居したので、高齢化もまた一斉に進んでいますが、いま県が中心となって再開発が動いています。

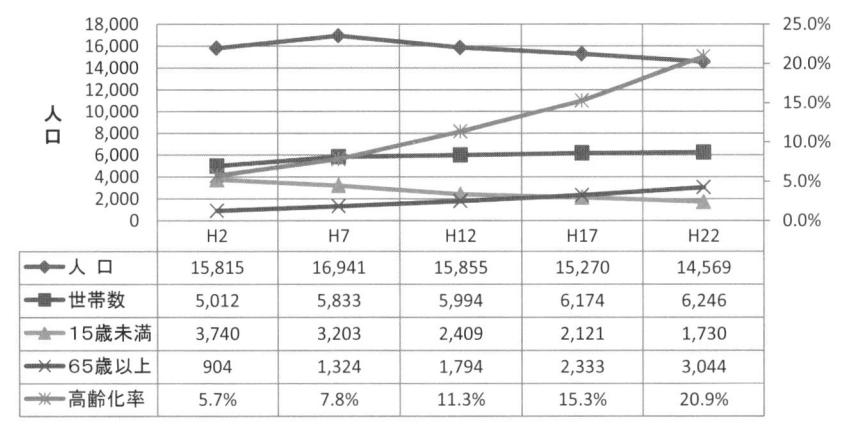

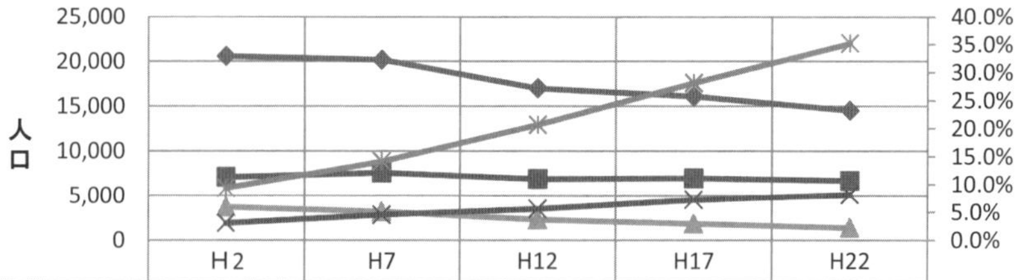

	H2	H7	H12	H17	H22
人 口	20,575	20,159	16,977	16,080	14,519
世帯数	7,069	7,565	6,860	6,938	6,658
15歳未満	3,726	3,207	2,314	1,859	1,390
65歳以上	1,919	2,848	3,509	4,526	5,109
高齢化率	9.3%	14.1%	20.7%	28.1%	35.2%

図66　明舞の人口動向

明舞団地からは明石海峡大橋がよく見える

山の街団地集会所

⑫ **山の街**（北区・入居1973年）

神戸の民間開発団地で最大の人口を持つ住宅地です。この街の人口が、ほぼ平行に推移しているのは、小倉台で分譲が進んでいるからです。

昭和45年（1970）に大阪府の千里で万博が行われましたが、そのときのカンボジア館を移築して興人「山の街団地集会所」としています。万博の3年後に入居が始まりましたので、団地のシンボルとなりました。いまも当時のままに輝いています。

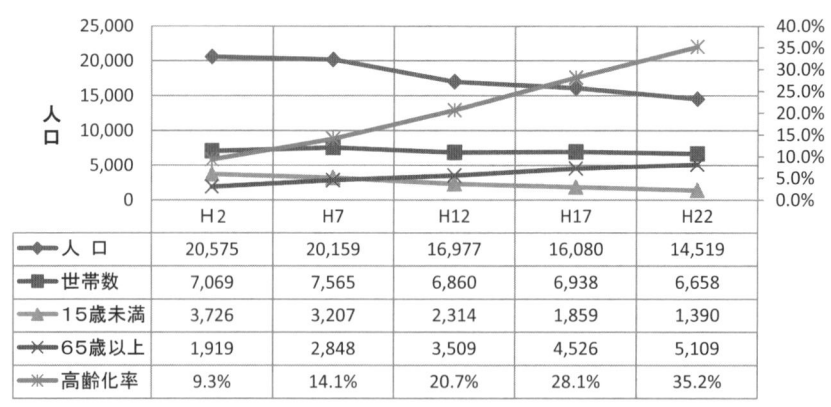

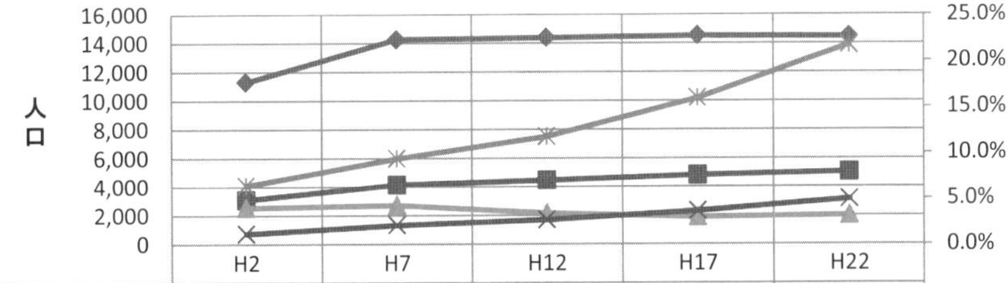

	H2	H7	H12	H17	H22
人　口	11,304	14,253	14,379	14,511	14,465
世帯数	3,095	4,153	4,461	4,821	5,056
15歳未満	2,554	2,718	2,156	1,880	2,005
65歳以上	724	1,332	1,688	2,307	3,138
高齢化率	6.4%	9.3%	11.7%	15.9%	21.7%

図67　山の街の人口動向

⑬ 池上（西区・入居 1983 年）

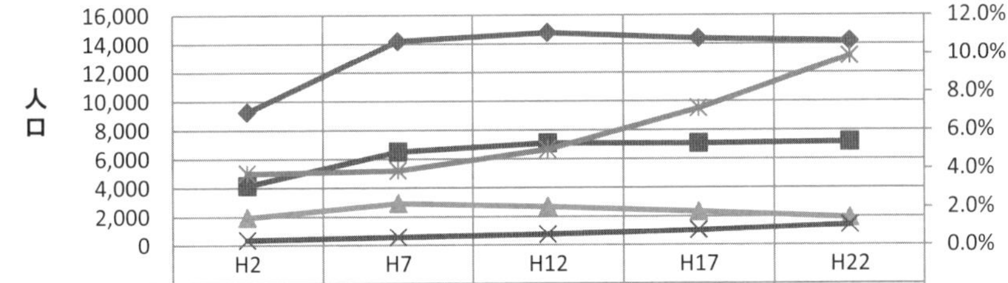

	H2	H7	H12	H17	H22
人　口	9,240	14,202	14,780	14,371	14,184
世帯数	4,150	6,497	7,088	7,056	7,157
15歳未満	1,937	2,913	2,683	2,321	1,925
65歳以上	346	553	737	1,023	1,397
高齢化率	3.7%	3.9%	5.0%	7.1%	9.8%

図68　池上の人口動向

池上地区を全体でみると、人口は減少し高齢化率は上がり 15 歳未満の人口が減るという他の団地と同じような動きをしています。しかしこの表では出てこない、15 歳から 65 歳未満、殊に 20 歳前後の学生の層で大きな山があることは、図 54「池上大津和年齢別人口推移」で詳しく見たところです。

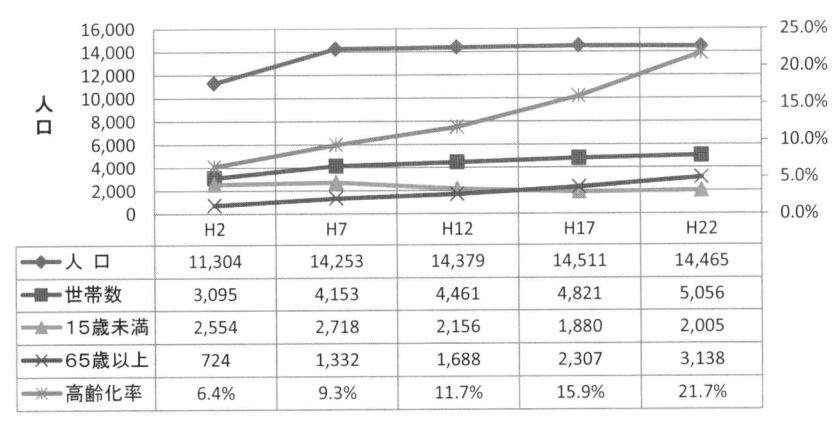

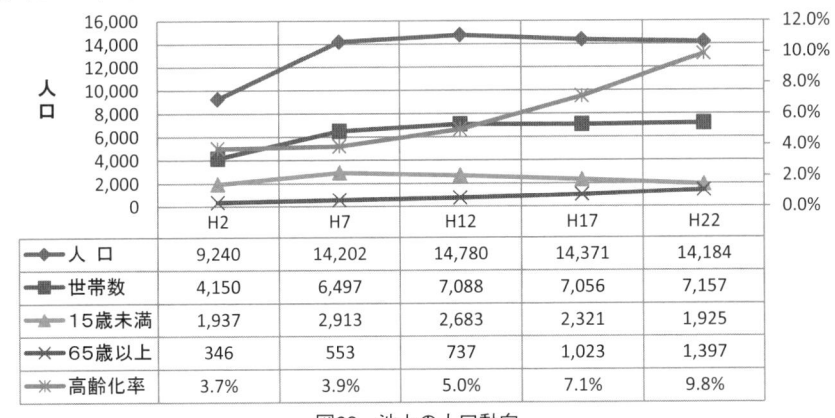

学生用のマンションが多い大津和地区

植栽が立派に成長した北五葉団地

⑭ 北五葉・南五葉（北区・入居 1970 年）

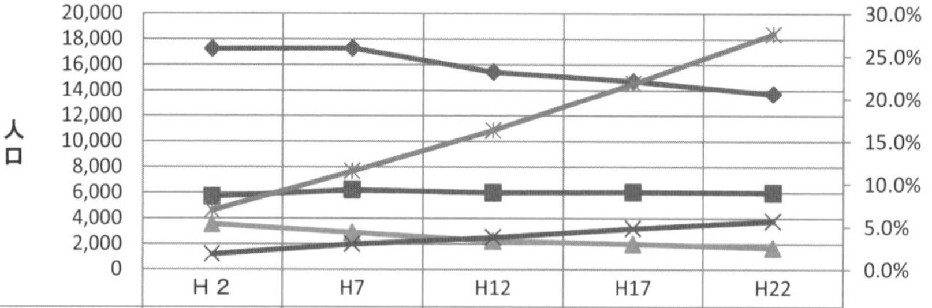

	H 2	H7	H12	H17	H22
人 口	17,238	17,284	15,431	14,702	13,699
世帯数	5,696	6,209	6,004	6,046	5,997
15歳未満	3,550	2,887	2,230	1,996	1,695
65歳以上	1,184	1,988	2,511	3,203	3,785
高齢化率	6.9%	11.5%	16.3%	21.8%	27.6%

図69　北五葉・南五葉の人口動向

日本住宅公団の「鈴蘭台土地区画整理事業」による大団地で、公団の賃貸住宅がたくさんあります。

しかし、人口の減少と高齢化率の上昇は、典型的な初期の団地の人口動向を示しています。

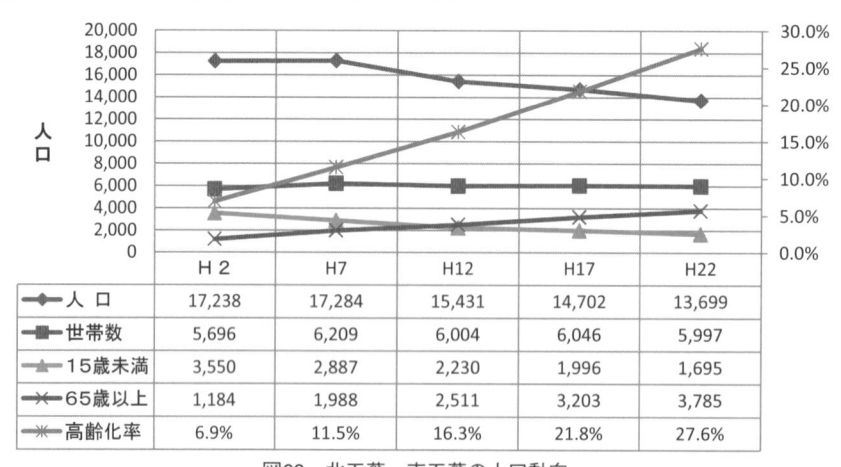

⑮ **神戸北町**（北区・入居 1995 年）

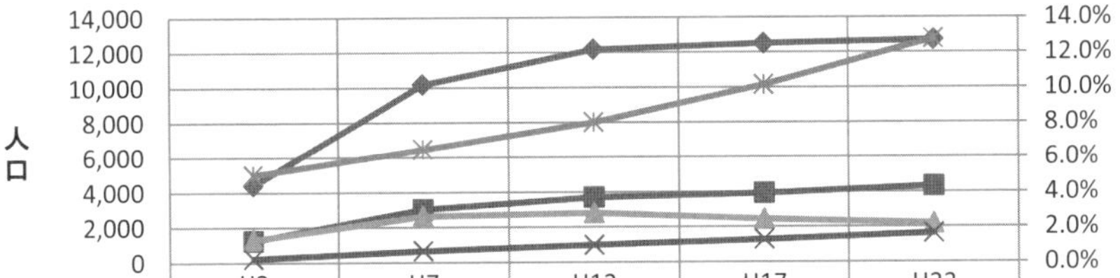

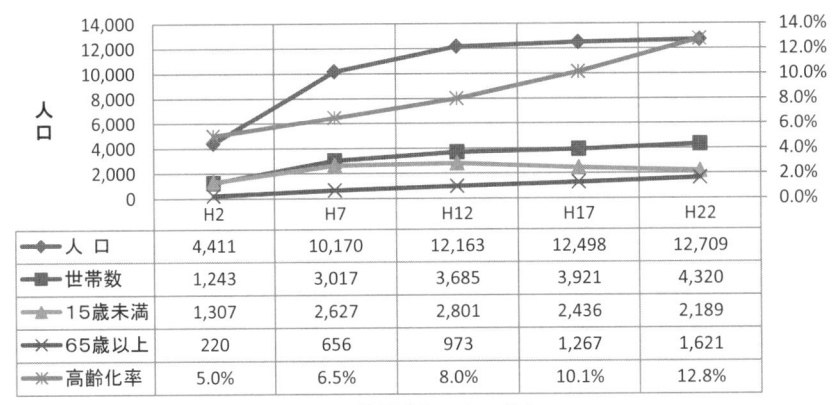

	H2	H7	H12	H17	H22
人 口	4,411	10,170	12,163	12,498	12,709
世帯数	1,243	3,017	3,685	3,921	4,320
15歳未満	1,307	2,627	2,801	2,436	2,189
65歳以上	220	656	973	1,267	1,621
高齢化率	5.0%	6.5%	8.0%	10.1%	12.8%

図70　神戸北町の人口動向

民間による大規模団地で、現在も一部で分譲が進んでいるので、全体でみると人口も微増で、高齢化率も低い傾向にあります。

見事な緑道がある神戸北町

西神戸ニュータウン。
変化に富んだ配置の市営住宅

⑯ **西神戸ニュータウン**（西区・入居 1975 年）

神戸でニュータウンを名乗った最初の民間による住宅地開発です。いまも周辺で宅地分譲が少し行われていますが、人口の減少は避けられません。

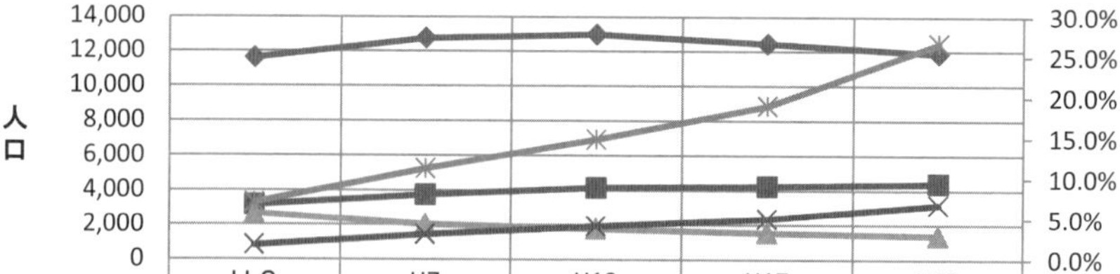

	Ｈ２	H7	H12	H17	H22
人 口	11,597	12,728	12,947	12,426	11,866
世帯数	3,149	3,739	4,153	4,246	4,398
15歳未満	2,644	2,012	1,756	1,542	1,374
65歳以上	816	1,429	1,920	2,357	3,162
高齢化率	7.0%	11.2%	14.8%	19.0%	26.6%

図71　西神戸ニュータウンの人口動向

⑰ **舞子台**（垂水区・入居 1960 年）

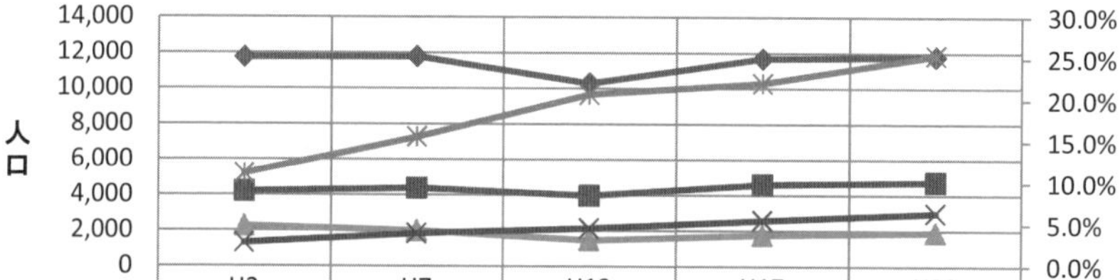

	H2	H7	H12	H17	H22
人 口	11,740	11,772	10,278	11,683	11,781
世帯数	4,184	4,369	3,955	4,603	4,740
15歳未満	2,254	1,987	1,461	1,759	1,906
65歳以上	1,307	1,833	2,127	2,577	2,994
高齢化率	11.1%	15.6%	20.7%	22.1%	25.4%

図72　舞子台の人口動向

神戸市による最初の大規模団地です。

公団住宅の建て替えや、社宅のマンション化などで人口が増加し、15歳未満の人口も少し増加しています。

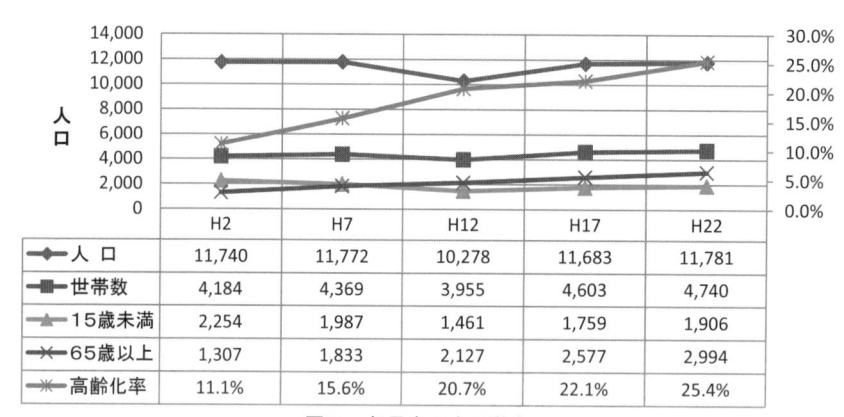

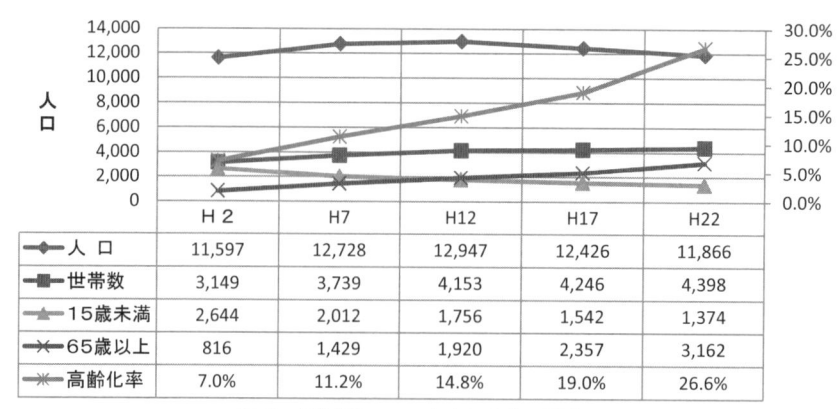

舞子台。どこからでも淡路島がよく見える

有野台の遠望。後ろに見えるのは六甲山

⑱ 有野台（北区・入居 1970 年）

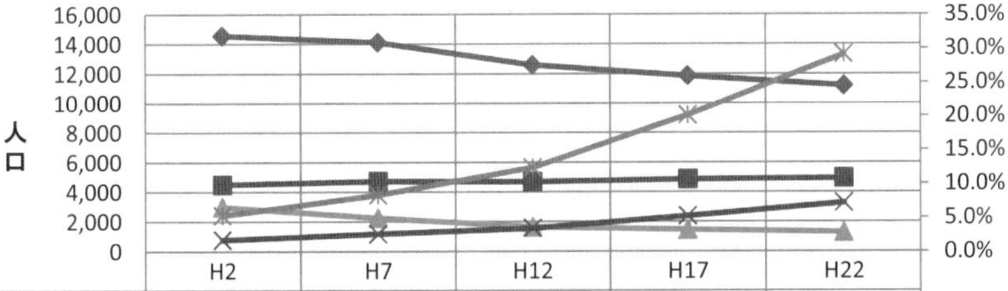

	H2	H7	H12	H17	H22
人 口	14,553	14,101	12,588	11,856	11,197
世帯数	4,506	4,728	4,694	4,844	4,933
15歳未満	2,996	2,252	1,632	1,446	1,280
65歳以上	769	1,171	1,556	2,382	3,261
高齢化率	5.3%	8.3%	12.4%	20.1%	29.1%

図73　有野台の人口動向

当時の神戸市土木局による大規模開発団地です。

新住宅市街地開発法によって開発された古い団地です。

明舞団地と同様に、人口減少と高齢化の進行という初期の団地の傾向が見られます。

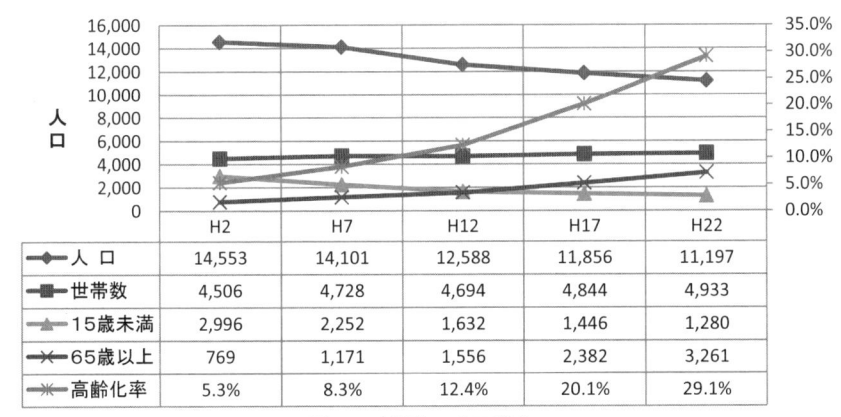

⑲ 鹿の子台（北区・入居 1990 年）

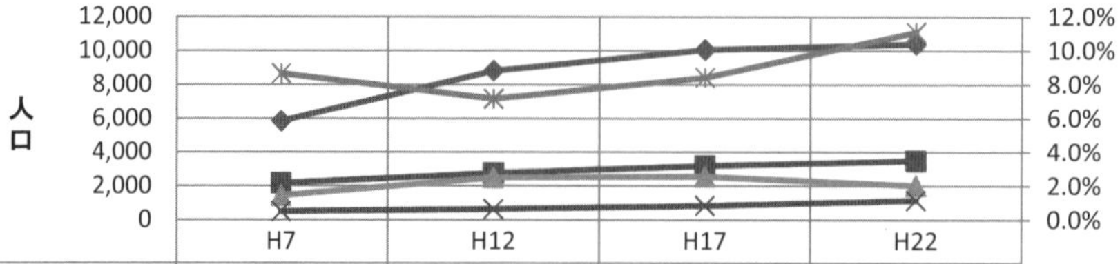

	H7	H12	H17	H22
人口	5,842	8,816	10,052	10,388
世帯数	2,173	2,761	3,185	3,491
15歳未満	1,424	2,501	2,555	2,026
65歳以上	505	631	846	1,152
高齢化率	8.6%	7.2%	8.4%	11.1%

図74　鹿の子台の人口動向

北神戸で開発された比較的新しい団地です。人口は増加していますが、早くも 15 歳未満の人口が低下傾向にあります。

ここにも震災後仮設住宅が建てられましたので、平成 7 年の高齢化率が高くなっています。

鹿の子台団地の玄関口の神鉄道場駅前

北鈴蘭台の 7 階建て市営住宅。
屋上で海抜約400m

⑳ 北鈴蘭台（北区・入居 1970 年）

神戸電鉄が開発した地区で、神戸市の市営住宅がたくさん立地しています。そのためか人口減少のほか、世帯数の減少も見られます。

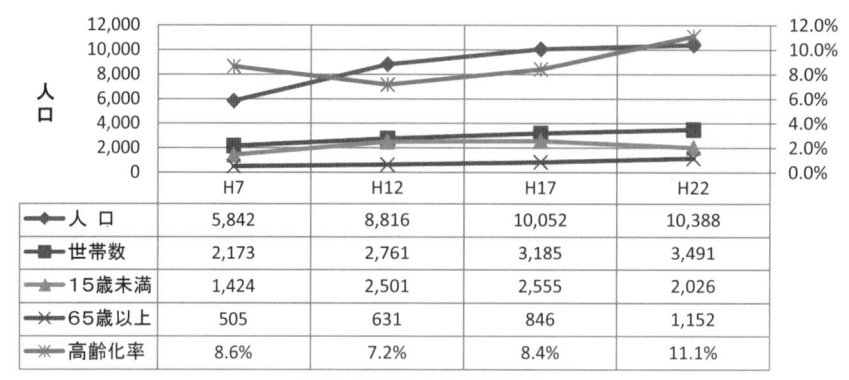

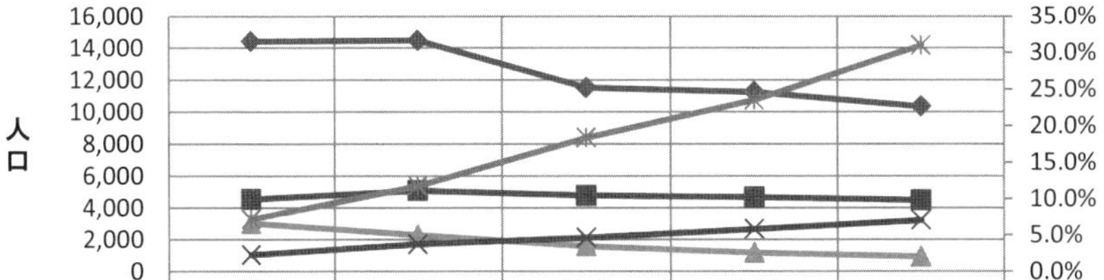

	H2	H7	H12	H17	H22
人　口	14,403	14,461	11,506	11,243	10,338
世帯数	4,547	5,086	4,775	4,665	4,486
15歳未満	3,006	2,282	1,581	1,169	921
65歳以上	1,032	1,700	2,110	2,641	3,201
高齢化率	7.2%	11.8%	18.3%	23.5%	31.0%

図75　北鈴蘭台の人口動向

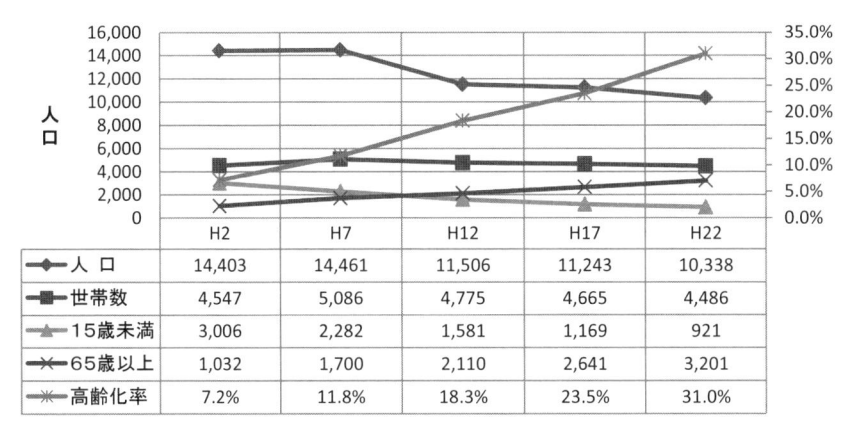

8 阪神淡路大震災と新住宅開発地

郊外住宅地が多くの住民を救った

平成7年1月17日、阪神地区や淡路島が被災した阪神淡路大震災では、神戸の既成市街地も大きな被害がありました。しかし新住宅開発地は、幸いにも大きな被害がありませんでした。

この大地震は淡路島の北端を震源にし、六甲山の南の山麓にある諏訪山断層が大きく揺れ、その南側の既成市街地が大きな被害を受けました。この範囲にある新開発団地は、山麓の鶴甲団地と渦が森団地と住吉台、臨海部のポートアイランドと六甲アイランドでした。

鶴甲団地と渦が森団地は、5階建ての共同住宅が多く、1棟以外は、ほとんど被害はありませんでした。被害が大きかった渦森台の1棟は、柱・梁構造で1階がスーパーだったため壁が少ない建物でした。そのほかは壁構造で、耐震的に優れていて、ほかの構造に比べても被害の少ない構造でした。

その他この本で取りあげた58の団地は、ほとんどが六甲山の北側にあったので、被害が少なくてすみました。震災後の平成8年に、全世帯アンケートで被害状況を聞いたものがあります。これに

表3　新住宅開発地と震災被害

地域名	回答世帯数	被害はほとんどなく、補修の必要のなかった割合%	被害が少なかった順位
高倉台団地	1,033	78.2%	1
研究学園都市	1,403	59.7%	2
押部谷（団地）	1,663	50.6%	3
北区・団地地域	3,090	47.3%	4
西神ニュータウン	5,433	45.3%	5

よると、新住宅開発地の被害が大変少ないことがわかりました。

全世帯アンケートで一番被害の少なかった団地は高倉台で、一番被害が大きかった長田区南部と須磨区南部とは、ほんの数 km しか離れていません。これは、2 位の研究学園都市とともに、埋め立て用の土砂を採取した後の切土のために地盤が良かったこと、既成市街地に比べて建物が新しかったことなどに起因したものと思われます。結果的に、臨海型のニュータウン以外の新開発地に住む人たちは、被害が少なく自宅の心配をすることなく復興に専念することができました。

この調査で、被害の少なかった場所を行政区単位でみると、1 位は北区で 42.0%、2 位は西区で 39.5% となっています。これは奇しくも昭和 22 年以降に合併した町村の部分と重なっています。

仮設住宅用地となった新開発地

大震災後には大量の被災者用の仮設住宅が必要となりましたが、新規開発中の住宅用地が大変役に立ちました。市内の全仮設住宅 2 万 9,178 戸うち、開発中の団地の宅地や公園に建設された戸数は次の表 4 の通りです。

この新開発地に建設された仮設住宅の合計は 1 万 9,735 戸となり、全仮設住宅の 67.63% となりました。これを、新期開発団地が多い北区、西区で集計すると 1 万 4,779 戸で、全仮設住宅建設戸数の 78.86% となり、一層役割が大きかったことがわかりました。全戸数のほとんどを神戸市内で建設することができたのは、北区と西区で神戸市や公団の建設中の住宅用地や、広い公園があったからでした。

表4　主な新住宅開発地の仮設住宅

新住宅開発地	場所	仮設建設戸数
西神ニュータウン	西区	4,773
ポートアイランド	中央区	2,890
六甲アイランド	東灘区	2,090
西神南	西区	1,832
藤原台	北区	1,435
鹿の子台	北区	1,068
新多聞	垂水区	845
学園都市	西区	792

西北神へ震災による人口移動

平成７年の大震災前後の年の区別の人口推移を見ると、西北神の震災時の役割が明瞭になってきます。これを区毎にみると、平成７年には、被害が大きかった既成市街地の６区の人口は大幅に減少していますが、西区、北区、垂水区の人口は増加しています。これは仮設住宅の入居の他、親戚縁者の一時的な転入もかなりあったからです。

表5　区別住宅開発地の仮設住宅

位置	仮設住宅数	開発地の仮設住宅数	開発地の戸数の割合 %
東灘区	3,883	2,110	54.33
中央区	3,796	2,890	76.13
須磨区	2,125	1,729	81.36
垂水区	2,308	1,350	58.49
北区	5,838	3,928	67.28
西区	8,941	7,728	86.43
その他の区	2,287	―	
市内合計	29,178	19,735	67.63
西区・北区合計	14,779	11,656	78.86

このように郊外の住宅地は、平成17年の地震では多くの住民が被害を免れました。また既成市街地にある工場や会社が、一時郊外にその機能を移すなど、新開発地で災害時のバックアップ機能が発揮されました。今後も南海・東南海の地震と津波災害が予想されています。地震はどこで起こるかわかりませんが､津波に対しては､西北神の郊外住宅地は大変安全です。

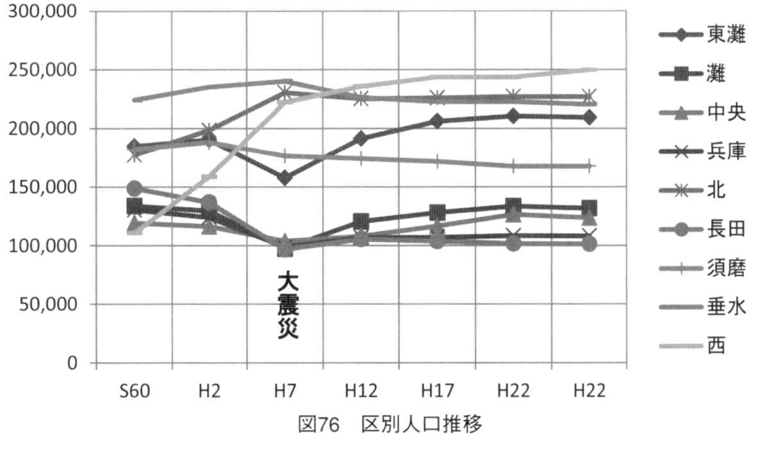

図76　区別人口推移

9 神戸の住宅地に系譜はあるか

新都市開発へ絶え間ない意欲

これまで長い神戸の住宅地開発の歴史を見てきましたが、この中に何か系譜があるのか探してみました。まず明瞭にわかるのは、神戸市の新住宅地開発への、都市の意志のようなものが感じられます。背後を六甲山によって阻まれた狭い市域から脱却するために、町村合併を繰り返してきましたが、これは合併した地域に新都市を建設して、大神戸の人口を適正に配

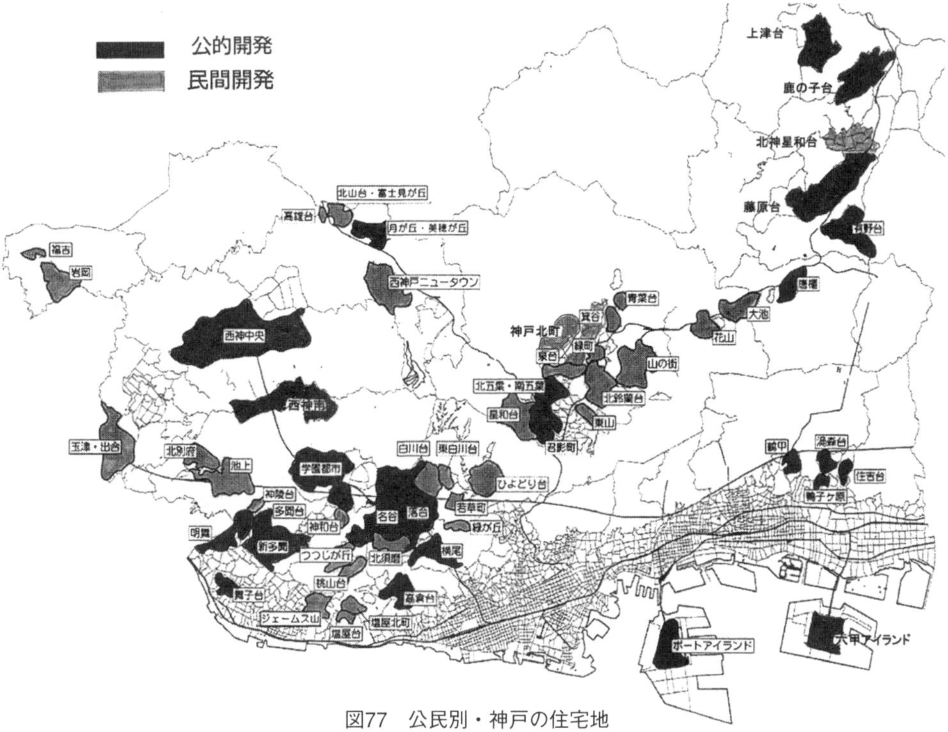

図77　公民別・神戸の住宅地

置したいためでした。

そのために、戦前には西へ鉄道を計画し、用地の購入まで行っています。そして戦後の復興計画を経て、昭和40年のマスタープランへと引き継がれていきます。その結果、神戸の住宅地の公的開発の割合は大変高いものになっています。

図77「公民別・神戸の住宅地」は開発の主体を民間と県や市、公団などの公的開発主体に分けたものです。抽出した58団地のうち平成22年の人口比でみると、65%が公的開発で、残りの35%が民間開発になっています。

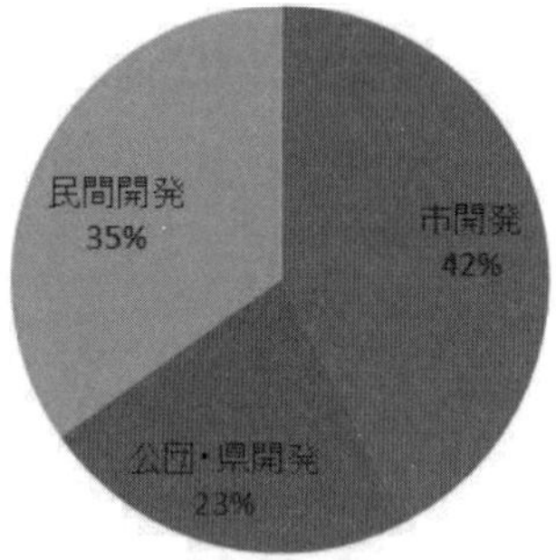

図78　開発主体の割合（平成22年）

このうち、神戸市が開発した割合は大変高くなっていて、団地開発の42%となっています。神戸市の特殊な事情としては、埋め立て用の土砂の採取地跡を宅地にしたせいもありますが、他都市と比較しようもないほどの高い割合となっていて、都市の意志が実現したと言えます。計画的な開発のおかげで、神戸には無秩序に開発された（スプロール）地域は大変少なくて、市民に環境の良い安心できる住宅地を供給してきたことになります。

これを実際の人口の推移で表したものが、図79「開発主体別人口の推移」です。これを見ると新開発地の人口はほぼ横ばいですので、神戸では郊外住宅地の衰退はまだ見られません。

しかし、図80「市の人口に対する開発主体別人口の割合」を見ると、

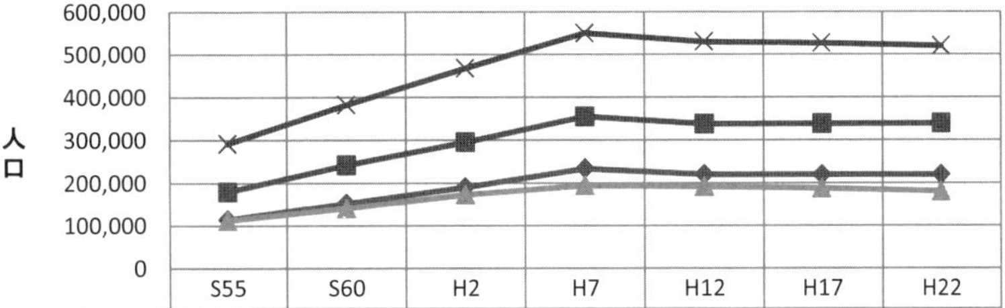

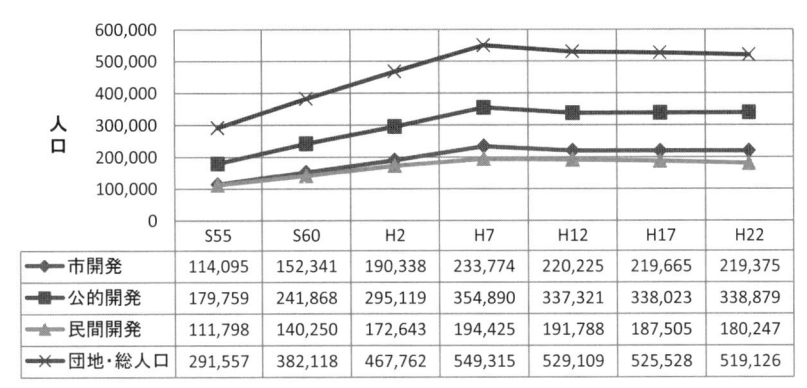

	S55	S60	H2	H7	H12	H17	H22
市開発	114,095	152,341	190,338	233,774	220,225	219,665	219,375
公的開発	179,759	241,868	295,119	354,890	337,321	338,023	338,879
民間開発	111,798	140,250	172,643	194,425	191,788	187,505	180,247
団地・総人口	291,557	382,118	467,762	549,315	529,109	525,528	519,126

図79　開発主体別人口の推移

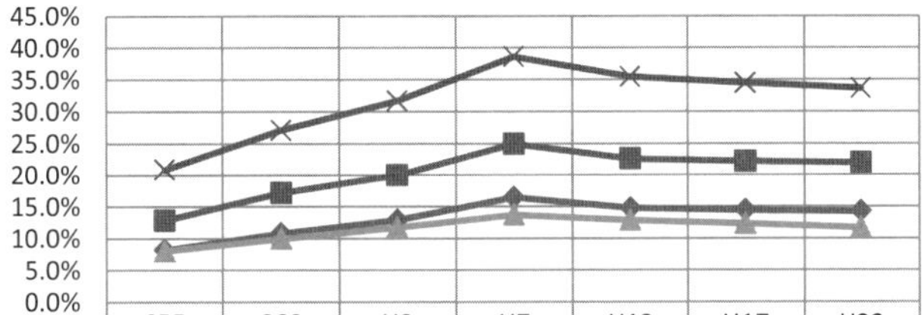

	S55	S60	H2	H7	H12	H17	H22
市開発/市の人口	8.2%	10.8%	12.9%	16.4%	14.7%	14.4%	14.2%
公的開発/市の人口	12.9%	17.1%	20.0%	24.9%	22.6%	22.2%	21.9%
民間開発/市の人口	8.0%	9.9%	11.7%	13.7%	12.8%	12.3%	11.7%
団地・総人口/市の人口	20.9%	27.1%	31.7%	38.6%	35.4%	34.5%	33.6%

図80　市の人口に対する開発主体別人口の割合

新開発地の人口割合は減少しています。これは都心回帰現象で、既成市街地での居住者が増加したためです。

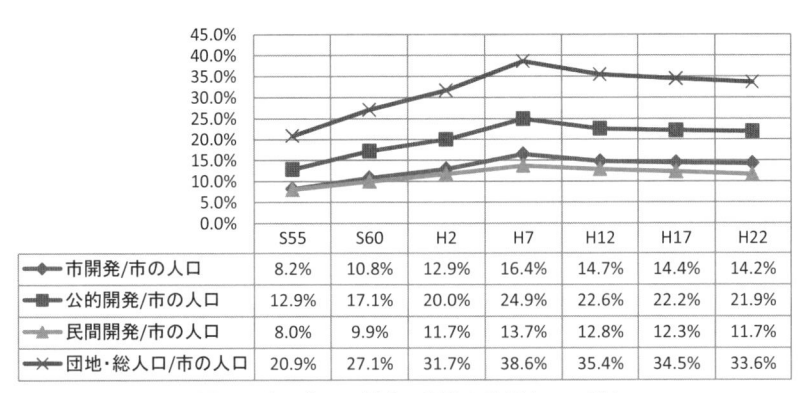

電線の地下埋設

わが国の住宅地が美しくない大きな原因は、空中を巡る電線です。西洋の街を歩くと、電柱が無いのがうらやましいかぎりです。

神戸では明治20年に電灯会社が設立され、その翌年に外国人居留地で、日本ではじめて地下ケーブルによる配線を実施していました。しかし、その後は芦屋の六麓荘などの一部で行われただけで、長い間忘れられていました。

ところが昭和20年12月閣議決定の戦災地復興計画基本方針の中で、とくに目を引くのは電線などの地下への移設です。「市街地ノ整備ニ伴イ電線等ハ原則トシテ之ヲ地下ニ移設シ…」とあり、資材や予算などまったく大変なときに、このような理想的な復興計画をたてていたのには驚きました。

神戸の復興計画は、翌昭和21年3月とかなり早く発表されていますが、「通信、電気、瓦斯復興計画基準」で、「市内にては架空線のみ、其の他は総て地下に埋設することとし……」と歯切れが悪いというか、大変わかりにくい表現となっています。神戸市の方が、国より進んでいると思っていたのですが、この点では現実的すぎて少しがっかりしました。

その後、駐留軍のための家族向けの団地（ディペンデントハウス）が各地で建設されましたが、設計方針として電線の地下埋設を謳っていました。東京のディペンデントハウスのリンカーンセンターには、電線は地下に埋設されていて電柱はありませんが、六甲ハイツは残念ながら電柱が立っていました。

ところが、昭和40年の神戸市のマスタープランでは、「光熱水供給処理も……美観の点からできるだけ地下埋設とする」とはっきりと書かれることになりました。その後、昭和49年制定の開発指導要綱の「街路の無電柱化」の条項で、「地中化に努めること」とやっと出てきます。しかし実現までにはかなり時間がかかり、名谷のタウンハウスまで待たなければなりませんでした。名谷16団地、28団地に続いて、西神の和風タウンハウス、S・Vビレッジなどのタウンハウスでやっと実現しました。その後は舞多聞の一部で無電柱化がみられる程度で、住宅地の無電柱化はあまり進んでいないのが現状です。

輸入住宅

シアトル・バンクーバー村（S・Vビレッジ）

神戸の北野にはたくさんの異人館があります。設計は外国人がしていますが、工事はすべて日本人の大工さんが担当しています。部品は輸入品もあるものの、本体は日本の軸組工法が基本です。

一方、神戸・深江の文化村の冨永邸は、神戸の最初の輸入住宅で、いまも立派に残されています。しかし、その後は長い間、神戸では住宅の輸入は行われませんでした。

昭和50年頃からは、アメリカからの技術移入と貿易摩擦解消のために、少しずつ住宅そのものが輸入されてきましたが、まとまって輸入して“村”をつくったのは西神ニュータウンのシアトル・バンクーバー村が最初でした。その後は市内各地で輸入住宅村がつくられ、神戸電鉄による神鉄六甲、神和台、ジェームス山などがあります。

わが国の住宅建設の工法の種類は世界一多いのに、その競争のメリットが生かされていないのが現状です。北米からの輸入住宅は当然ツーバイフォー工法ですが、昭和49年に日本でもその工法が認められました。そこで神戸では、その生産性の高さからたくさん採用され、一時は「ツーバイフォー工法のメッカ」と言われたほど普及しました。このように北米からは、住宅建設や住文化について、まだまだ学ぶ点がたくさんあると思われます。

平成7年の阪神淡路大震災の復興に役立てるために、六甲アイランドに大規模な輸入住宅の展示場が設けられ、震災復興に寄与しました。

近隣住区

昭和40年に発表されたマスタープランでは、住宅地の計画の手法としては、近隣住《きんりんじゅう》区《く》論《ろん》によるとしています。これはアメリカのクラレンス・A・ペリーが1929年に発表した居住地区の計画理論です。小学校区を住むための一つの単位として、ここに購買施設や幼稚園や医院などの公共・公益施設を集めて、そこで生活が完結することを目指しています。

ペリーの原案では教会が2つも描かれていますが、わが国の適用例はありません。区画整理地区では、元からあった社寺はそのまま残っていますが、敷地を全面的に買収してから開発する、新住宅市街地開発法によるニュータウンにはお寺も神社もありません。

わが国最初の千里ニュータウンもこの近隣住区計画を採用しましたが、そのうちに理論通り進まないことが出てきました。それは商業施設で、ダイエーを創業した中内㓛が始めた流通革命で、住民は必ずしも近くで買い物をしなくなりました。その後、大規模のショッピングセンターが郊外に生まれ、さらに少子高齢化が追い打ちをかけて、どこの近隣センターの商業施設も経営不振におちいっています。

神戸市のマスタープランで示された近隣住区の図は、小学校二つの中学校区で一つの住区を形成しています。これは先行した千里ニュータウンで、すでに近隣商業の不振がわかってきたので、居住区の規模を大きくしたものと思われます。神戸市で初めてこの理論に基づいて計画された団地は高

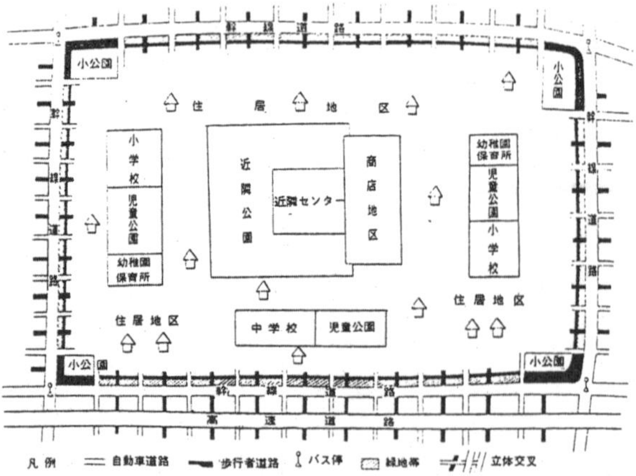

図81　マスタープランで図示された近隣住区

倉台で、その後の名谷、西神ニュータウンに続いています。

近隣住区論の次の変化は幼稚園です。幼稚園こそ近くへ通うものと思っていましたが、教育方針や好みから選択の幅が広がって、いまや幼稚園の通園バスがニュータウン内を走り回っています。このように近隣住区を巡っては、規制緩和や競争原理の導入で変化はありますが、基本的な考え方が間違っているわけではありませんので、修正しながら適用していけば良いと思います。

緑道の変遷…人と車の関係

新開発の住宅地と既成市街地の一番大きな違いは、歩道の取り扱いでしょう。人力車しかなかった明治時代には、細い路地があちこちにありました。北野や住吉・御影にはまだたくさん残っています。戦後の住宅地の開発は、モータリゼーションと並行して進んできました。かつては自動車と人が道路を共存していたものが、自動車は凶器とみなされ、歩道と車道をはっきりと区別するのが当たり前となってきました。

高倉台の歩車道の分離

竜が丘公園沿いの緑道

昭和40年のマスタープ

ランには、住宅地の街路計画の新手法の紹介も行われています。その一つがラドバーン・システムで、その模式図を提示しています。ラドバーン・システムは、昭和初期にモータリゼーションを予測し、徹底した歩道と車道を分離したニューヨーク郊外のラドバーンからその名が来ています。ラドバーンでは、世界初の歩道と車道を計画的に分けた橋がいまもあって、子どもたちは車道を渡ることなく安全に学校へ行くことができます。

この歩車分離の考え方は、ニュータウンの初期の計画には大変良く採用されました。その最先端の計画が高倉台です。徹底した歩道と車道の分離で、人々は家から学校やショッピングセンターまでは、大きな道路を渡らなくても行けることができます。高倉台に続く名谷と落合も、町のセンターから住宅地の隅々まで専用歩道が続いています。

歩行者にとっては夢のような専用歩道計画も、その後の団地には必ずしも継続されませんでした。須磨ニュータウンに続く西神ニュータウンでは、車道に沿うように幅広の歩道が、それまでの緑道にとって代わってきました。いわば歩道の広いものですから、道路と交差する所では信号待ちをしなければなりません。なぜこのようになったのでしょうか。はっきりと方向転換を明示した資料はありませんが、夜の歩行者の安全が問題になり始めたものと思われます。少しさびしい気がします。

鹿の子台の歩車道の分離

その頃、歩車道の完全分離に対して、住宅の近くではどうしても車と人が出合うので、歩行者と車の融合を図ろうという動きが、オランダのデルフトから始まりました。これがボンエルフ方式で、神戸のタウンハウスなどでたくさん採用してきました。これは団地の入口に、車に小さい衝撃を与える瘤（ハンプ）を作るほか、道路上に木を植えるなどして車のスピードを下げさせようとするものです。

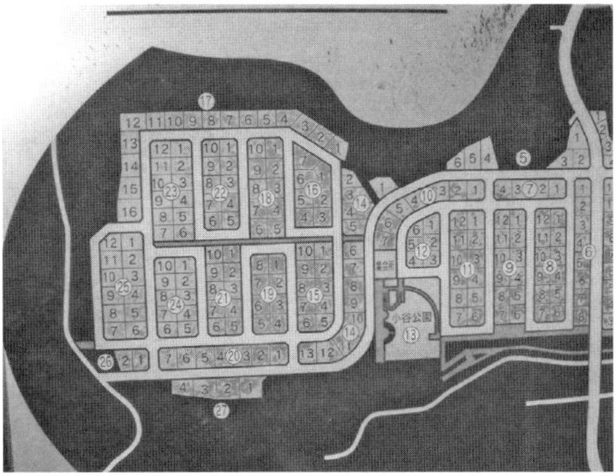

ひばりが丘の案内板　道路のパターンがよくわかる

その後の新しい団地では、いままでと違った道路と歩道のパターンが見られるようになりました。それは住宅地の１ブロックの中央に歩行者専用の緑道をとって、これに直角に左右から車道が接近してきて緑道でＵターンするものです。この道路パターンは「ひばりが丘」の団地の案内図でよくわかります。

神戸北町の緑道

このように神戸の団地では、緑道の変遷を見ることができます。

小部経営地でクルド・サック（袋小路）発見

戦前に開発された小部経営地の分譲時の地図をよく見るとなんと、クルドサック（袋小路）が２か所に示されています。行き止まりの道路の先端には、車が旋回するための円形がはっきりと示されています。ひょっとすると神戸のクルド・サックのルーツではないかとわくわくしながら見に行

図82　戦前の小部経営地の配置図

きました。

左側の分岐した行き止まりの道路は、下に降りる道路ができていてクルド・サックは解消されていました。北へ上がる道路の先端は斜面の宅地で、上の道路には接続できませんので行き止まりのままです。しかし、期待した円形は見られませんでした。どうしたわけか左側は直線になっていましたが、右側には円形の一部が残っていたので、当初は円形の回転場は小さいながらあったことが、かすかな証拠からわかりました。

クルド・サック（袋小路）の名残り

わが国の住宅地でクルド・サックが導入されたのは、昭和10年の常盤台ですが、鈴蘭台の経営地は昭和6年ですからこちらの方が早いことになるのですが、残念ながら配置図しか残っていません。

クルド・サックの導入

神戸のクルド・サックの名残は鈴蘭台に見られますが、はっきりとしたものが戦後の六甲ハイツにありました。これは、アメリカでは普通に見られる郊外住宅地の形です。

ニューヨーク郊外で1920年代に建設されたラドバーンの住宅地に車で進入すると、すべてが行き止まり道路となっています。これがクルド・サック（袋地）道路で、欧米の住宅地ではよく採用されています。この方式は、通過交通がなく、近所の人しか利用しないので比較的安全・安心、などの利点がありますが、わが国の道路関係者の間では大変評判が悪くてあまり採用されていません。それは、クルド・サックの入口で火事などの事故があった時の避難が難しい、や同じく入口で給水やガスの事故があると循環して供給できない、というものです。

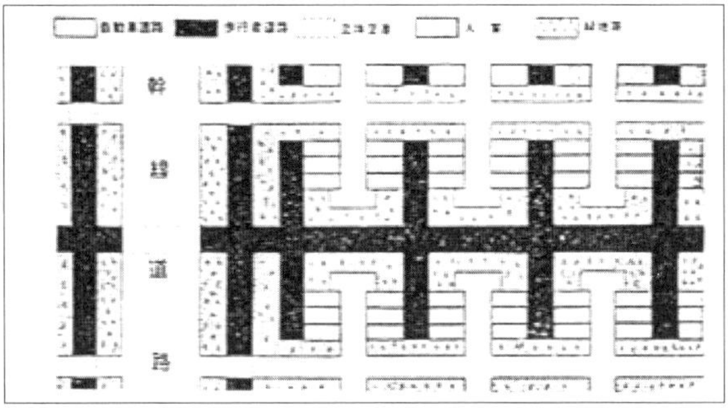

図83　昭和40年のマスタープランで図示されたクルド・サックのパターン

ジェームス山のクルド・サック

確かに明治時代には、細い行き止まりの道の両側に木造の密集した住宅を建てたので大変危険だとして、最初の建築規制となりました。しかし、欧米のクルドサックは道幅も広く、行き止まりにはゆったりとしたロータリーを設けています。また歩行者は隣地へ抜ける緑道も付けているので安全です。わが国でも千里ニュータウンで初めて採用され、その後は西神ニュータウンのシアトル・バンクーバー村(S・Vビレッジ)などの私道では盛んに採用されるようになりました。

このS・Vビレッジの隣のタウンハウスでは、クルド・サック的な手法に加え、車の回転用地部分を広場にしています。またこの広場同士を歩行者通路でつなぎ、行き止まりをなくしてS・Vビレッジにもつながっています。

開発指導要綱の技術基準の「行きどまり道路」の条項では「道路は原則

として袋状にできないものとする」とありますが「ただし、当該道路の延長、または当道路と他の道路との接続が予定されている場合、または回転広場及び避難通路が設けられている場合は、この限りでない」とクルド・サック道路ができることになっています。

鈴蘭泉台では長い行き止まり道路がありますが、この先には大きなロータリーがあってバスの終点となっています。

コモン・グリーン（共有緑地）

住宅地の間に、一戸ずつでは持てないような広い庭を皆で持つコモン・グリーンは、原田の森の宣教師村、深江の文化村、好文園、戦後の六甲ハイツと、その流れが細々と見られます。その後は須磨ニュータウンや西神ニュータウンのタウンハウスで、共有の広場を持つコモン・グリーンが生まれてきます。この共有の庭は、眺めたり利用するだけではなく、定期的に共同で管理をするので、近隣のコミュニティの育成にも役に立っています。

この見事なものが、神戸北町に「ザ・コート」としてあります。周りは普通の住宅が並んでいるように見えますが、所々に門扉があって私有地の表示があるので入れません。しかし中は広い手入れの行き届いた庭のようでした。深江の文化村の再生のようで、大変うれしく思いました。

神戸北町の「ザ・コート」

一戸建てや連棟などの接地形の住宅地では、こうした共有地を持つことはまだ一般的ではありませんが、戦後普及したマンションでは、豊かな中庭を持つものが多くなってきました。殊に事業コンペ方式で敷地の分譲先を決めた西神南では、思い思いの工夫を凝らした楽しい中庭を持つものがたくさんあります。

10　住宅地の名前

「北神」の名前のルーツは

いまでは北神という名前は、北神急行や北神行政センターなど、北区を表す名前として広く用いられています。しかし昭和48年に兵庫区から北区が分離するまでは、西区と合わせて西北神と言われていました。これは戦後に大合併した新地域を表す言葉として用いられてきましたが、北区が独立したので、西地域は西神《せいしん》としてニュータウンの名前になりました。

それまでの北神地域は、六甲山系の背後という意味で「背山計画」の対象となっていても、北神とは言っていないようでした。そこで「北神」のルーツを探すために、戦前の新聞記事を見ますと、昭和初期には「裏山開発」や「神戸北郊」などが散見されました。大正9年に「北神戸塩ヶ原」の見出しがあって、かなり北神に近いですが「北神」そのものではありませんでした。

ところが、昭和3年に「北神商業学校」が葺合区（現中央区）に設立されています。同校はその3年後に、「山田村小部本校」として学生募集の新聞広告を出しています。葺合区で学校を創立したときには、すでに小部で学校を建設することが決まっていたので、北神としたのでしょう。募集要領では2年と3年も若干名を募集しているので、すでに開校後2年くらいは経っていたことになります。

この学校の位置は「小部経営地」の一画で、住宅地と一体として開発されたことがわかります。住宅分譲の写真には菊水山をバックにした2階建ての校舎が写っています。北神商業学校が創立された昭和3年は、ちょう

北神商業學校

神戸市外山田村小部

入學案内

募集人員 第一學年 一五〇名 第二三學年 若干名

入學資格

第三學年 本校二年修了者と同程度の者

入學願書受付期日

考査期日

願書受付場所及考査場 山田村小部本校

北神商業学校の新聞広告　大阪朝日新聞・神戸版　昭和6年2月23日

ど神有電鉄が開通した年ですから関連が予想されます。電鉄の経営にとって、乗客を培養するためには住宅地の開発のほか、反対交通としての学校の誘致は大変大事なことです。この手法は阪急の電鉄経営でも知られていましたので、神有電鉄としても学校を誘致したのか、設立にかかわっていたものと思われます。北神商業学校は戦後神戸市に移管され、いまは場所も変わっていますが、神戸市立兵庫商業高等学校となっています。

鈴蘭台の駅名は公募したか

昭和３年に神戸電鉄が開通したときは、鈴蘭台は「小部停留所」でした。それはこの辺り一帯が山田村字小部《おうぶ》だったからです。しかし、早くも昭和7年には「鈴蘭台」と改名しています。開通数年後に駅名を変更したのも不自然で、地元が反対したのもわかる気がします。

なぜでしょうか。鈴蘭台の駅名は公募で決めたことになっていますが、記録がありません。そこで、当時の新聞記事を丹念に見てみました。昭和5年の三面記事でも小部停留所ですし、昭和６年２月の「北神商業学校」の生徒募集広告でも小部駅前となっています。

鈴蘭台が初めて新聞に登場したのは、昭和６年７月で、神戸市の裏山開発湊西部の初会合の「湊西開発の中心は小部か」との見出しの記事の中に「小部（鈴蘭台《すずらんだい》）」という記述があります。湊西とは当時の神戸市の財産区名でいまの兵庫区の一部です。

大々的に鈴蘭台が登場するのは、昭和６年９月の「生活改善健康住宅展覧会」の神戸新聞の告知からです。ここに「神戸市外神有電鉄沿線鈴蘭台に於て」として突然登場し、その後も記事として「鈴蘭台まで13分」や「鈴蘭台で電車を降りると已《すで》に展覧会気分」など、すでに駅名が変わっているかのような記述が続々と登場してきます。

このほか「鈴蘭台（旧称おうぶ）」というのもあって、駅名が書いてないので地名を変更したのか、と戸惑うものまでありました。これを不快に思った地元の人もいたのか、長い間鈴蘭台と言わないで「経営地」と言っていたようです。経営地とは「阪急経営地」や「山陽経営地」などと、電鉄の分譲住宅地に付けられていた名称で、鈴蘭台も当初は「小部経営地」と言っていたからです。

住宅展覧会も終わった翌年の昭和7年4月には、当時大きな料理旅館だった「小部花壇」が広告を出していますが、ここにはまだ駅名が正式に変わっていないのに、「神有沿線鈴蘭台」としています。そして神戸電鉄の記録では、昭和7年8月1日に、駅名がやっと鈴蘭台に変更になっています。その直後の8月11日には「鈴蘭台（小部）遊園地にて盆踊り」と神有電鉄が広告を出しています。

小部花壇の広告
まだ正式でないのに鈴蘭台名

神有の盆踊りの広告

なぜこのような経緯をたどったのでしょうか。昭和3年に開通後は、神有電鉄が「小部経営地」として直接住宅地を分譲していましたが、昭和5年には所有権が新興土地建物に移転しています。そこで新会社は、住宅地を売るための良い名前として鈴蘭台を選んだと思われます。販売のための大きなパンフレットにはまだ「小部経営地」となっていますが、新興土地の新聞広告には「神有沿線鈴蘭台住宅地」となっていて、その間の事情がわかります。

住宅地のイメージとして、高地に咲く美しい鈴蘭をイメージした住宅地名を付けて売出し、そのうちになし崩し的に神有電鉄に駅名を小部から鈴蘭台へ変更を求めたものと思われます。その間、新聞による駅名の公募が行われた形跡はありませんでした。

鈴蘭の花言葉は幸福、純潔になっているそうですが、信州や北海道をイメージさせるので、関西の軽井沢と称したのでしょう。鈴蘭の名を付けた「鈴蘭台小唄」もつくり、ダンスホールやビアガーデンもあったようです。その後、鈴蘭台の名は町名となって、北区を代表する町へと成長していきます。

また鈴蘭の花の別名「君影」は、戦後この近くで開発された新鈴蘭台団地に命名されました。

鈴蘭“台”の不思議

次に、新しく付けられた住宅地の名前を分類してみました。新住宅地は、農地を避けて高台を造成することが多いので、住宅地名も勢い、台が付くところが圧倒的に多くなっています。

「台」が付く住宅地…舞子台、高雄台、多聞台、唐櫃台、住吉台、白川台、北鈴蘭台、有野台、泉台、塩屋台、神陵台、星和台、高倉台、北山台、若葉台、青葉台、ひよどり台、神和台、桃山台、東白川台

「台」がこれだけ多いのは、どうしてでしょうか。神戸の小字《こあざ》は１万ほどある中で、北区の淡河町に「奥台」が一カ所あるだけで、不思議なほど少ない字名です。ところがいまでは、新開発の住宅地には「○○台」が一

番多くなっています。台とは「平らになっている高地」ですから、郊外住宅地はほとんどこれに当てはまりますので、地形としては適当な名前かも知れません。

しかし、鈴蘭という花の名前に、“台”を意識的に付けたのは、関西で最初と思われます。東京の田園調布は住宅地としては有名ですが、ここは大正12年に売り出したときには「多摩川台」としていましたので、これが住宅地に台が付いた一番古い例と思われます。そのほか、関東地方には台が付いた住宅地が1～2ヵ所ありますが、東武線の沿線の常盤台が有名です。これが開発されたのは昭和10年ですから、鈴蘭台の方が数年早いことになります。

“台”とよく似た住宅地の名前に“高台”があって、「宝塚高台」や「伊丹高台」などがありましたが、その後あまり流行っていません。

住宅地の名前はどこから来たか

住宅地にはそれぞれ名前が付いていますが、一番多いのは、元の村にあった古い字《あざ》名を付けているもので、たくさんありました。南五葉《みなみごよう》、北五葉《きたごよう》、鹿《か》の子台《こだい》、上津台《こうづだい》などはその土地の字名からきていますので少しなじみにくいところがありますね。少し大きい団地は、旧の村や町の名前をとっています。住吉台、有野団地、唐櫃団地、舞子台、白川台などで、この方は一層なじみよくなってきます。

自然の山の名前を付けたものもあって、横尾（横尾山）、藤原台（藤原山）、高倉台（高倉山）などです。横尾山はいまもありますが、藤原山はもうありません。高倉山は削られて低くなって「おらが山」として残っています。

そのほか、青葉、若葉、緑、などの印象の良い名前を付けたものがあります。残りは開発社の名前を冠した住宅地名があります。泉台は住友のシンボルマークの泉ですし、星和台の「星」を上下に分けると日本生命の「日と生」になるものもあります。

当初は開発社の名前を付けた団地がたくさんありましたが、だんだんと使われなくなってきたようです。興人山の街、神鉄北鈴蘭台、伊藤忠山の街ニュータウン（現神戸北町）、住生あおば台などです。開発社がわかって良い場合もありますが、倒産したり、社名が変わったりしてもうない会社名が残るのも少し妙ですね。

いろんな名前の団地

次に多いのは花や葉などの植物の名前です。自然の地形などを付けたものもありますが、谷や池・山などは当初からの地名を付けたものが多いようです。丘は小高いところの意味ですから、台より高い印象で景色が良さそうですね。

その中で「富士見が丘」は全国にたくさんある地名ですが、なぜ押部谷にあるのかはわかりませんでした。しかし行ってみると誰にも教えてもらわなくてもわかりました。団地のあちこちから雄《おっこ》岡《さ》山《ん》が見えます。端正な姿をした雄岡山を、富士山に見立てたのでしょう。

これだけの数の住宅地がある中で、ニュータウンと名前が付いたものは4つしかありません。これは、ベッドタウンはニュータウンではないという“定義”に遮られたからかも知れませんね。

表6　団地名の由来

植物	北五葉、南五葉、美穂、若草、青葉、北鈴蘭、花山、つつじ、桃山、渦森
自然地形など	谷上、大池、箕谷、富士見、ジェームス山、山の街、花山
「丘」	緑が丘、月が丘、美穂が丘、富士見が丘、つつじが丘
方位付き	北五葉、南五葉、北鈴蘭台、南鈴蘭台、神戸北町、塩屋北町、北山台、西神、西神戸、西神南、東有野
ニュータウン付	西神戸ニュータウン、西神ニュータウン、西神南ニュータウン、山の街ニュータウン
緑	緑（緑が丘、緑町）
鳥など	ひよどり、ひばり
カタカナ	六甲アイランド、ポートアイランド、ジェームス山

町名に方位をつけたものが多いですが、なかでも鈴蘭台は、東町・西町・南町・北町に加えて、駅名では北鈴蘭台、西鈴蘭台、鈴蘭台西口まであって、須磨ニュータウンの落合を抜いて神戸一の拡がりです。

団地名の変遷

住宅地の名前が変わっていったものがたくさんあります。神戸市のマスタープランでは、当初北神戸1、2、3としていた鹿の子台、上津台、赤松台は、リサーチパークとも言われていましたが、その後、藤原台などとともに北六甲ニュータウンとなりました。しかしまた変わって、現在は北摂ニュータウンと合わせて、"神戸三田"国際公園都市となりました。だんだんと大きくなってくるのは良いことかも知れませんが、銀行の合併のように元の名前がわからなくなるおそれがありますね。

そのほか、西神第二団地が西神南ニュータウン、伊藤忠山の街ニュータウンが神戸北町になっています。また当初は開発者名をつけていたものが最終的に簡略化されたものもたくさんあります。しかし資料によっては、団地名はまちまちで、あるいは前後しているかも知れません。

・北神戸1、2、3 ⇒ 神戸リサーチパーク鹿の子台、神戸リサーチパーク上津台、神戸リサーチパーク赤松台 ⇒"神戸三田"国際公園都市
・六甲北ニュータウン、藤原台 ⇒"神戸三田"国際公園都市
・住生あおば台 ⇒ 青葉台
・日生鈴蘭台 ⇒ 星和鈴蘭台ニュータウン ⇒ 星和台
・住友北鈴蘭台 ⇒ 住友鈴蘭泉台 ⇒ 泉台
・東急つつじが丘（名谷つつじが丘）⇒ つつじが丘
・阪神花山 ⇒ 花山手
・土地興業西神戸ニュータウン ⇒ 西神戸ニュータウン ⇒ 桜が丘
・兼松箕谷駅前団地 ⇒ 箕谷駅前 ⇒ 箕谷 ⇒ 松ヶ枝町
・興人山の街（広陵町）＋ 第2山の街、第3山の街（筑紫が丘）＋ 第4

山の街（小倉台）⇒ 山の街

・西神A ⇒ 西神住宅団地（西神中央地区）

・西神B ⇒ 西神住宅第２団地 ⇒ 西神南ニュータウン

・西神C ⇒神戸研究学園都市

・押部谷 ⇒ 美穂が丘

・押部谷2期 ⇒ 月が丘

・伊藤忠山の街ニュータウン ⇒ 山の街ニュータウン ⇒ 神戸北町

・星和八多 ⇒ 神戸北星和 ⇒ 北神星和台

・神鉄百合が丘団地 ⇒ 百合が丘 ⇒ 緑町

・東舞子 ⇒ 舞子台

・積水ハウス名谷 ⇒ 神和台

・明石舞子 ⇒ 明舞

● 団地名と町名が一致しない団地

開発者は、新しい住宅地にふさわしいと思って名付けても、その後の町名に引き継がれないで、単なる事業名となってだんだんと忘れられようとしているものもあります。それらは、西神戸ニュータウン、西神住宅団地などでしょう。

神戸で初めてニュータウンを名乗った西神戸ニュータウンは、西神ニュータウンと紛らわしいからか、いまでは地図からも消えてしまいましたが、自治会名として残っています。

西神第二団地という事業名から、なかなか名前が決まらなかった西神南ニュータウンは、西神南として地下鉄の駅名になりましたが、駅を降りると町名や学校はみな井吹ばかりで西神南という名称はどこにも見当たりません。

一方、北須磨団地、ポートアイランド、六甲アイランドなどはよく使われています。ポートアイランドと六甲アイランドは、当初は神戸らしいカ

表7　団地名と町名が一致しない団地

団地名	町　名
千寿が丘	高雄台
六甲アイランド	向洋町中町
ポートアイランド	港島（そのまま日本語に訳していますね）
興人山の街	広陵町、筑紫が丘、小倉台
鈴蘭台	北五葉、南五葉
北鈴蘭台	甲栄台、惣山町、若葉台
新鈴蘭台	君影町
東山	鈴蘭台北町
箕谷	松ヶ枝町
神戸北町	大原、桂木、日の峰
北神星和台	京地、菖蒲が丘、西山
名谷	神の谷、菅の台、西落合、竜が台
北須磨団地	友が丘
ジェームス山	青山台、美山台
明舞	狩口台、神陵台、南多聞台
新多聞	本多聞、学が丘
西神戸ニュータウン	桜が丘、（秋葉台）
西神住宅団地（西神中央地区）	狩場台、糀台、春日台、樫野台、美賀多台、竹の台
西神南	井吹台
若宮団地	天が岡

参考・団地造成現況図（昭和56年）、ひょうごニュータウンガイド（昭和59年）、神戸の都市計画（平成4年）、計画的開発団地における方策検討調査（平成17年）、神戸市水道100年史

タカナの町名を希望していましたが、認められずに港町とか向洋町とかの平凡な町名になりました。しかし住んでいる人たちは、ポートアイランドとか六甲アイランドの方を親しみをもって呼んでいます。

団地名と町名が一致している公的開発の住宅地は、渦が森、鶴甲、有野台、北五葉、南五葉、ひよどり台、落合団地、高倉台、横尾、藤原台、多聞台、学園都市などです。民間の開発団地は、北山台、富士見が丘、泉台、塩屋北町、塩屋台、神陵台、神和台、桃山台、つつじが丘、白川台、東白川台などです。住宅地名と町名が一致していると、わかりやすくていいですね。

11 住宅地・路上探検

古墳を囲む団地…天王山（西区）

見晴らしの良いところには、古墳がたくさんあります。埋葬者は死後の世界でも良い景色を眺めたかったのでしょう。この天王山古墳も、明石海峡を見渡せる高台にあって、規模は小さいですが前方後円墳です。前方後円墳は県下の最大のものは垂水の五色山古墳ですが、その西方にあるので、その並びとも、続きともいえる場所です。

団地開発に当たっては、幾つかあった古墳の一つを残し、これを囲むように住宅地は広がっています。団地のどこからも、さらに高台にある古墳を眺められる珍しい住宅地です。

北神の鹿の子団地にも小さいですが前方後円墳があって、いまも丁寧に保存されています。

天王山団地
（神戸市教育委員会提供）

北神古墳

神社を囲む団地…若宮団地（西区）

新住宅市街地開発法によって造成された住宅地には、宗教施設が一切ありません。区画整理によって開発された住宅地には、お寺や神社がそのまま残っていてほっとさせられます。

図84　若宮団地（国土地理院1/25000地形図より）

鎮守の森を抱くように若宮団地の住宅地が広がっている

ところが若宮団地は、既存の神社を取り囲むように開発された珍しい団地です。第2神明道路など、団地から少し離れて見ると一層はっきりと見えます。

舞多聞

舞多聞（垂水区）

神戸市民に大変親しまれた舞子ゴルフ場は、大震災後、神戸市からURに譲渡されました。緑が多かったゴルフ場がどのように住宅地に変身するのか期待していた市民も多かったと思いますが、ほとんどは大造成をされて平坦な分譲住宅地となってしまっています。そもそもこの敷地は、多聞台団地と同様に戦前に神戸市によって取得されていた土地ですから、ゴルフ場は暫定的な使用の形だと思えば仕方がないかと思います。

この中にあって緑豊かな一角があります。ここはできるだけ緑を残すために借地権付きとしたのでバックヤードが広くて、まるでアメリカの郊外住宅地のようです。電柱も地下に埋設され大変美しいのでいくつかの賞も受賞しています。

ナスカ絵のような団地

図85　北神星和台（国土地理院1/25000地形図より）

住宅地の地図を眺めていると、まるでナスカの地上絵のように大変美しいものがあります。北神星和台（北区）は、まるで鳥が羽を広げているように見えます。規模や計画性は違いますが、なぜかブラジルの首都のブラジリアを彷彿させられました。現地に行くとかなり高低差がありますし、地上からはこの美しい幾何学模様を意識することはできませんが、団地のプランナーは意識をして計画したのでしょう。

この碁盤目状の敷地割のなかに、ニューヨークのブロードウェイのように、道路が斜めに住宅地を横切っています。これは何かと思って現地へ行くと、高圧線の下で、道路と緑地に上手に利用していました。

図86　塩屋北町（国土地理院1/25000地形図より）

同じような幾何学的な美しい道路パターンの住宅地があります。垂水区の塩屋北町ですが、ほぼ対称的で、葡萄の房のようにも見えますね。現地へ行くとかなり勾配が

図87　泉台（国土地理院地形図1/25000より）

あって、とても地図のような印象を持てませんでした。また泉台（北区）も少しずつ雁行していて、美しい形をしています。

現地を見ないで、碁盤目のような道路パターンのまま、坂のある都市をつくってしまった例としてサンフランシスコが有名です。坂があるにもかかわらずそのまま道路をつくったので、ケーブルカーが必要な街となりました。また直線では上がりきらないので、急なカーブの続く有名なロンバートストリートがあります。

これらの住宅地の造成前の地形は、かなり複雑だったと思われますが、現代はブルドーザーなどの造成の技術は進んでいるので、設計の意図通りの住宅地ができるようになりました。

図88　国土地理院
平成13年　南山

不思議な道路の線形

何か面白いところがないかと地図を見ていますと、道路が不思議な線形をしているところがありました。碁盤目状の住宅地の道路の中で、何やら変わったＵ字型の道路が割り込んだように入っています。とても計画的につくったのではないと思って調べますと、ここは広陵台（北区）と筑紫が丘（北区）の境で、この線形までが初期に開発した広陵台の端だったようです。その後、次の開発が始まったので、そのまま残ったのでしょう。

さらに地図の上の道路に、楕円形のロータリーのようなものが見えます。現地へ行くと、すぐにわかりました。そこは高圧線の鉄塔のあるところでした。先に高圧線の鉄塔があり、その線上に道路を計画したので、鉄塔のところは楕円形のロータリーになったのでした。

唐櫃団地（北区）のロータリー

唐櫃台のロータリー

放射状に道路が分かれるところには、ロータリーがつくられることがよくありました。戦前につくられた大阪の今里のロータリーや、兵庫県では豊岡のロータリーが有名です。神戸では、西区の神出にかわいらしいロータリーがあります。しかしどうしたわけか、戦後はほとんどつくられていません。

ところが唐櫃団地には、懐かしいロータリーがあって、いまも現役です。ロータリーのルーツはイギリスで、郊外をはじめロンドンにも大きなものがあります。イギリスの植民地だったオーストラリアのニュータウンにも盛んに採用されています。

兵庫県と姉妹・友好提携を結んでいる西オーストラリア州の州都パースの郊外には、美しいニュータウンがたくさんありますが、ここにもロータリーがあります。イギリスやオーストラリアでは「ラウンドアバウト」といって、本来は信号のあるようなところに採用しています。先にラウンドアバウトに入った車に優先権があって、問題なく運用されています。でも交通量の少ない交差点にこれがあると、スピードを落とさなければならないので、知人のオーストラリア人の評判はいま一つでした。

埋蔵文化財センターにある
アケボノ象

“西神動物園”

西神ニュータウン（西区）には、珍しい動物がたくさんいますので、“動物園”が開設できそうです（ただし動物たちは動きません）。最初は象ですが、どこの動物園にもいないアケボノ象で、約200万年前の象です。西神南駅の近くで発掘されました。

2階に上がったラクダ

道を歩いていると、大きなラクダが屋根の上に載っているのでびっくりしました。意味はわかりませんが、ガスショップでした。

公園のパンダ

公園には大きなパンダがいましたが、道にもパンダのマンホールがありました。

マンホールのパンダ

屋根の上のシーサー

猫「西風と共に」黒川晃彦・作

埴輪の馬

西区民センター前にある子犬

想像上の動物としては、沖縄の民家の屋根の上にあるシーサーが幼稚園の屋根にいました。小さいものでは、西神中央の広場のジャズの像の一員に猫がいます。この猫の首輪には神戸市のマークが付いています。

六甲アイランドの
「空の水族館」井下俊作・作

西神中央公園には、神戸市埋蔵文化財センターがあるためか埴輪の馬がたくさんいます。西区民センターの前には彫刻の犬もいますよ。

ポートアイランドと六甲アイランドは、海を埋め立てたのできっと魚がたくさんいるだろうと思って出かけましたが、イルカなどしかいませんでしたので水族館はできませんでした。

ポートアイランドのイルカ
環境造形Q・作

西神楽器店

西神ニュータウンにはなぜか楽器がたくさんあります。ちょっと大きすぎるのが難点ですが、楽器店ができそうです。またマンションなどの名前に、シンフォニック（交響曲）シティ、ラ・フォルテ（強く）、フェルマータ（延長記号）

大きなサキソフォン
「風の中で」西野康造・作

大きなハープ
「風鳴」森 正・作

「西風とともに」黒川晃彦・作

バイオリン公園

大きなホルン

西神中央公園の銅鐸

団地の集会所の風見鶏

など、音楽に因んだものがたくさんあります。

マンションのラ・フォルテの中庭には楽器が３つ隠されていますが地上からは見えません。まるでナスカの地上絵のようです。

また古代の楽器と言えましょうか、銅鐸もあります。子どもがよく叩いています。

学園都市でバードウォッチング

学園都市にはなぜか鳥がたくさんいます。それは学園都市のシンボルが梟《ふくろう》だからです。梟は、学問の神様の使いだそうで、あちこちの案内板の上にとまっています。

わが国の研究学園都市として有名なつくば市もシンボルに梟を使っています。市政10周年の平成9年に、市の鳥として制定したようですから、昭和60年に入居が始まった神戸の梟の方が年上のようです。

学園東町公園の鳥の群れ

団地の高さ比べ

まちのシンボルの梟

神戸の郊外住宅地のほとんどは、六甲山を駆け上っているのでかなり高いところにあります。六甲山より南で一番標高が高いのは、予想通り渦森台4丁目で319 m、二番目は住吉台の272 m、三番目は鶴甲の最上段、ケーブルの乗り場付近で242 mでした。

六甲山より北では標高の高い団地が多く、1位は泉台9丁目で401 mと全市一の標高です。私はかつて市営住宅の建設を担当しているときに、北鈴蘭台の工事中の市営住宅の屋上へ上がったら、担当者が「手をのばしてください」というので手をあげると「そこが400mです」と言われて驚いたことがありました。

2位は唐櫃団地で392 m、3位は東大池3丁目の389 m、4位は山の街、5位は有野台と300 m以上の団地が続きます。

六甲の北部ではそれほど高さを感じないのは、団地の麓の元の土地や鉄道の駅がすでに高いので、標高差はそれほど多くないのです。その点、

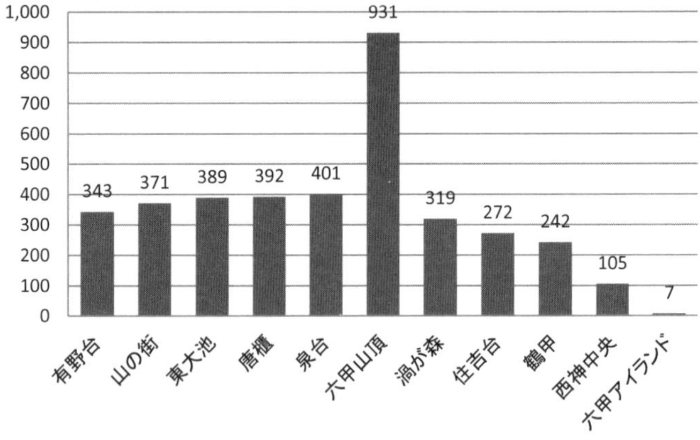

図89　団地の標高比べ

六甲の南部は既成市街地からの標高差が大きいので、その高さが際立って見えます。

このように六甲山の麓に展開される高地の住宅地は、旧六大都市では神戸市が断然トップでしょう。

神鉄六甲駅

神鉄六甲駅

六甲山の北部を走る神戸電鉄有馬・三田線の六甲登山口駅が、神鉄六甲駅に変わっていました。昭和63年に変わったそうです。

駅名に六甲と付く駅は、JRの六甲道のほか、阪急六甲がありますが、遠く離れた六甲山の北側に神鉄六甲が生まれました。普通、駅名に電鉄名を付けるのは、近くにある同名の他電鉄の駅と区別するためですが、こんなに離れた同名の駅はどこにもないかも知れません。

ここには、かつての唐櫃六甲台、いまは六甲ひばりが丘（北区）という新しい団地ができたので、これに合わせて駅名も変えたようです。神鉄が開発した住宅地の入口なので、駅舎も瀟洒な建物に新築したのでしょう。駅を取り巻くように、六甲山からのきれいな八王子川が流れています。

神鉄道場駅

同じ神戸電鉄で駅名の変更は、ほかにもありました。道場川原駅が鹿の子台の玄関口になったので、神鉄道場駅になりました。ここは少し離れていますが、福知山線に道場駅がありますので、電鉄名が頭に付いています。エスカレーターもある立派な駅です。

神鉄道場駅

鹿の子台（北区）のビル群

かつて鹿の子台は、北神第一としてリサーチパークと呼ばれていました。ここに損害保険会社などを誘致して、大きなビルが立ち並んでいます。就業者はそれほど多くはありませんが、平成 18 年の統計では、鹿の子台北町 8 丁目の就業者は 427 人で平成 16 年の調査よりは事業所も就業者も増加しています。

鹿の子台の事業所

斜面住宅のオンパレード

神戸の住宅地は坂が多いので、坂を逆に利用した斜面住宅がたくさんあります。ざっと数え

鈴蘭台の斜面住宅

ただけでも、安藤忠雄設計の六甲の集合住宅（灘区）、万松園（東灘区）、万翠園（同区）、県公社の住吉台住宅（同区）、岡本（同区）、大池（北区）、鈴蘭台（北区）などたくさんあります。

この斜面住宅は、急斜面の崩壊防止にもなりますし、広いバルコニーもあって居住性は大変良好です。これは神戸の住宅地の一つの大きな特徴と思われます。しかしまだ小規模で、斜面住宅に斜行エレベーターを持つものはありません。

大池の斜面住宅

団地に斜行エレベーターを備えた大規模なものは、西宮市の名塩ニュータウンがありますが、神戸では東花山団地（北区）と妙法寺の道正台団地（須磨区）にあります。

立体的な“住宅地”としてのマンション

住吉台の斜面住宅

シカゴに、マリーナ・シティというとうもろこしのような形をした大きな二棟のビルがあります。このビルは川に面しているので、水面にはヨットハーバー、地上には駐車場や商店や銀行のあるマンションで、外に出なくても生活ができる一つの都市のようになっています。このビルを視察した宮崎辰雄市長は早速、兵庫駅前の山陽電車の駅跡に計画するように指示しました。それがいまの２棟の公団住宅で、下に商店が入った高層住宅になりました。

しかし巨大なマンションは、考えようによっては立体的な住宅地と考えられます。兵庫駅前のマンションは、さしずめ「立体的なベッドタウン」ということになりましょう。しかしその後シカゴには、ジョン・ハンコクビルやレイク・ポイント・タワーなど一層巨大な都会的な施設を持ったマンションが生まれています。これらは「立体的な住宅地」ということができます。これに似たマンションが、六甲アイランドにあります。島の入口に門のような二棟の超高層住宅がありますが、その西側のマンションがそれです。中には保育所や商店などがあって一つの街のようになっています。

平面的な広がりの住宅地では、セキュリティのためにゲートが設けられることはわが国ではまだ珍しいですが、マンションでは当たり前の設備となっています。このようにこれからは「立体的なニュータウン」が生まれてくるかもしれませんね。

野外彫刻展

新開発地には意外と彫刻や石碑があります。そこで順不同に並べてみました。

渦が森にある銅鐸出土の記念碑。出土した銅鐸はいま東京の国立博物館にあるそうです。

唐櫃の名の由来となった石の小さな祠が有野小学校の裏の公園にあります。

藤原台（北区）のありまホールにある彫刻は、

渦が森の銅鐸出土記念碑

唐櫃の祠

神戸北町で見かけた彫刻

ありまホール前にある彫刻
「あのね」廣嶋照道・作

「空」中村義孝氏・作

「翔」中巳出 理氏・作

「海を見にきたカタツムリ」
環境造形Q・作

「走」郡 順治氏・作

中央区のあすてっぷＫＯＢＥ（神戸市男女共同参画センター）前にある彫刻と対になっていて同じ作者のものでしょうが、二人の子どもの間隔はこちらの方が自然ですね。

有野小学校（北区）の西側・蒲池公園には「空」という名の彫刻があります。その隣には「羽化」もありますが、取材時は台だけでした。

山の街の小倉台（北区）の入口には「翔」があります。

ポートアイランドのかたつむり公園には大きなカタツムリがいました。

藤原台（北区）の岡場公園にあるカリオン

名谷公園（須磨区）にある大きな日時計

竹の台公園（西区）にある震災記念の彫刻

西神中央、春日台公園にある不思議な石。普通は北を指すNがあるが、ここではSになっている

神戸北町（北区）で見かけた洋風のあずまや

西神工業団地（西区）のシスメックスにはたくさんの彫刻がありますが、「走」は門の横にあります。

まだまだ市内には彫刻がたくさんあります。紹介したのはほんの一部なので、あなたもお気に入りを見つけてみてください。

石造のポートアイランド。ポーピア'81のときに石で造られた神戸市の模型で、ポートライナー南公園駅前にある

12 むすび

豊かな住宅地開発の歴史がある

京阪神三都市は、東京の一点集中の富士山形と違って独自の歴史を持ち、それぞれの文化を育んできました。神戸は大阪や京都のような古い歴史があまりありません。その代わり明治からの近代の遺産はたくさんあります。住宅の分野でも、外国人からたくさんの影響を受けてきました。

職と住を分けて住む方法を北野の異人館街から学び、個々の家だけでなく広場を囲んでコミュニティを育てる手法も知りました。またジェームス山のように、自然を残したままの開発手法も学びました。このようにして、他都市では見られないような、多様な住宅地の歴史を持つことができました。

これらは、その後の神戸市の住宅地の開発に、必ずしも十分生かされてきたとは思えませんが、細々とした系譜を見ることもできました。神戸の住宅地がどこから来たのかを知ることは、これからの住宅地を守り育てるためには大切なことと思われます。

良い住宅地の勧め

神戸市は一貫として町村合併をすすめ、適正な人口配分による都市を目指してきましたが、いまではほぼ計画通りの人口配分となってきました。神戸市自身がモデルとなる住宅地を開発し、民間を誘導する役目を大いにはたし、民間もこれに負けない素晴らしい住宅地をつくってきました。

民間の住宅地に対しては、開発指導要綱を早くから制定し、良い住宅地になるように誘導してきました。どちらかというと無味乾燥の要綱の文章の中に、景観とか、神戸らしさという言葉を見るとほっとします。

一方、規制するだけではなく、良い住宅や住宅地を表彰する制度も早くから設けています。神戸市建築文化賞もその一つで、自治体が建築に賞を設けたのは全国的にみて最初です。この建築文化賞の中に住宅の部門があって、表彰作品には神戸を代表するたくさんのタウンハウスやユニークな集合住宅が含まれ、住宅産業に携わる人たちの大きな励みとなってきました。

またニュータウンの敷地の民間への分譲に当たっては、単に価格だけでなく提案を伴う事業コンペ方式を採用して、多くの新しい集合住宅が生まれました。競争の結果、豊かな共用部分やアイデアが生かされ、イタリアのシエナのカンポ広場風の中庭や、曲水の宴ができそうな流れのあるマンションもあって、ニュータウンに潤いがもたらされました。

このような官民の努力の結果、いつまでも残る立派な新住宅地が形成されてきました。

神戸の団地の特徴

改めて郊外の住宅地を歩くと、坂が多いのに驚きました。自分の体力の衰えもあって、少しの坂でもすぐに気が付くようになりました。これは、六甲山系に新住宅地が立地するので当然のことです。地図では幾何学的でいかにも平坦地のようでも、行ってみると坂だったりします。坂のあることは眺望の点は利点ですが、高齢者にとっては厳しい環境となります。そのために大規模な団地では、斜行エレベーターを備えている団地がいくつかあります。新設には費用の負担や維持管理の問題があって難しいとは思いますが、新しい技術を高齢化社会に適用することは大変有意義なことと思います。

坂がたくさんあることは、同時に法面《のりめん》もたくさんあるということです。

公団の中層住宅団地の法面には、ところどころ松の木などを植栽していますが、これが数十年を経過して立派になってきました。街路樹も立派に成長して、団地の風格を表しているようです。緑の多いことは、神戸の住宅地の大きな特徴です。

ほかにも特徴があります。神戸で住んでいる者にとってはあまり気が付きませんが、TV のアンテナがほとんどないことです。大阪では TV のアンテナが林立していますが、神戸は難視聴区域が多いので CATV が発達して、住宅地の景観に役立っています。

人口動向から見た郊外住宅地のいま

このように開発の当時は、最新の知恵と技術でつくられてきた神戸の住宅地も、いま少子・高齢化や人口減少などの大きな問題に直面しつつあります。さらに都心回帰現象で、中央区、灘区、東灘区などの既成市街地の人口の増加が続いています。さらに全国的なコンパクトシティの流れで、一層郊外が不利になりそうです。コンパクトシティとは、広がった郊外から都心に集まって住んで、行政のコストを下げようというもので、青森や富山で取りくみが進んでいます。神戸でも将来の人口動向から「凝縮型都市構造」の研究もあります。

これらの傾向に対してジャーナリズムからは「ニュータウンでなくてオールドタウン」だとか「使い捨てのニュータウン」や「ニュータウンもトリアージが必要」などニュータウンの住民にとっては刺激的な言葉が出てきています。トリアージとは、災害時に負傷者の治療の緊急度によって患者を選別することです。

神戸の郊外住宅地を人口の面から眺めてみると、言われるようなニュータウンにはまだ至っていません。一部には、人口の定着に息切れしそうな団地もないこともありませんが、ほとんどの団地は入居が完成し、まだ盛んに入居が進んでいるところもたくさんあります。

住宅需要が旺盛な時期に一挙に入居した古い団地は、一斉に高齢化が進んでいますが、神戸の多くの団地は、バブルの崩壊で住宅需要の低迷を経験したので、結果的に緩やかに成熟してきました。また区画整理で開発された団地では、個人所有の土地に思い思いの時期に住宅を建設するので、人口の増加も減少も緩やかになっています。

神戸の大規模ニュータウンは、大阪の千里ニュータウンや東京の多摩ニュータウンなどに比べて、かなり遅れて開発されてきました。そのために先輩から学びながら開発をしてきましたので、これからも、どのように再生していくのか、先行するニュータウンから学ぶ必要があります。

これからの郊外住宅地

先行した大きなニュータウンでは、それぞれが再生計画をたてていますが、その主な内容は、建て替えや住み替えで若い世帯の導入をはかり、オールドタウンにさせないというものです。立地が良くて住宅需要があるところは、マンションなどの建て替えによって人口の若返りが進んでいますが、一方で高密度の再開発で緑豊かなニュータウンの良さが失われるおそれもあります。

ニュータウンの再生のためには、住み替えが必要です。子どもが巣立った一戸建てから、駅前などのマンションへ移り住むことも、恒常的にみられるようになってきました。その空いた住宅に、庭つき住宅で子育てをしたい若い世帯が入居すると理想的です。また、買いやすくなった住宅に、子ども家族を呼び寄せて隣居・近居を楽しんではいかがですか。中層の階段式のマンションで同姓が見つかるのは、家族の近居もあるとみています。

ヨーロッパでは、人口の減少した団地には減築も行われています。家は増築するものとばかり思っていた人たちには驚きかも知れませんが、2階建てを平屋にすると、階段がないので高齢者向きですし、その上、耐震性能も向上します。

ニュータウンの人口減少は厳しいですが、部分的には若い世帯が増加しているところがあります。それは小学校や幼稚園などが近くて、大きな道路を渡らないで通学・通園できる、生活環境の良いところです。また高齢化率が高い住宅地も、住民の自治活動が盛んなところもありますし、古くなった中層住宅に若者が住み代わっている例もあります。このように、住み替えが自然発生的に行われていますが、今後は行政などが住宅政策として積極的に関与する必要があると思われます。

人口の減少という全国的な大きな流れに対して、郊外住宅地からの有効な対策はなかなか見当たりませんが、これだけ立派なインフラを備え、緑豊かな住宅地を一回限りの使い捨ての団地にしてはなりません。

アメリカなどの、これからのニュータウンの理論では、公共交通機関の近くで歩いて行ける街を標榜していますが、神戸のニュータウンは、ほぼこのようにできあがっています。

●ニュータウンからヴィンテージタウンへ

神戸には、現存するわが国最古の箱木の千年家があり、わが国最古のツーバイフォー住宅が深江の文化村にあります。神戸には、新しい住まい方としてのタウンハウスもたくさんあります。また新しい工法のツーバイフォーも、神戸では一時、ツーバイフォーのメッカと言われたほど盛んでした。震災後は、集まって住むコレクティブハウスなどの新しい住スタイルが神戸から発信されました。

一方、郊外住宅地はいま、少子高齢化と人口の流出に直面し、“ニュータウンからオールドタウンへ”と言われることがあります。たしかにニュータウンが生まれた頃は、昼間にはまちに人がいないと言われたことがありました。子どもは学校に行き、生産年齢は働きに行っていたからです。しかしいまは、高齢者がまちにたくさんいます。暇を持て余している人もたくさんいるでしょうが、カルチャースクールやシルバーカレッジは盛況です。いろんな文化も花盛りです。私は、ワインが熟成していくように、神戸の郊外住宅地も緩やかに成長していると思っています。

平成24年の秋、第6回の全国のニュータウン人縁卓会議を西神ニュータウンで開催しました。筑波、多摩、高蔵寺、千里、泉北、西神と、日本を代表するニュータウンのNPOが集まり“ニュータウンからヴィンテージタウンへ～新しい地域文化の創造・まちを住み熟《こな》す～”をテーマに話しあい、各地の住民たちによる自主的な活動が紹介されました。そしてニュータウンは決して後退局面ばかりではない、個性的な味わいを醸しだしていけるものだと確信しました。

ニュータウンは成熟期を迎え、ここから新しい住文化が芽生えているのです。

住宅都市神戸へ

かつては、京都で学び、大阪で働き、神戸で住むのが関西人の理想と言われたことがありました。しかし、京都のかなりの大学は滋賀県など京都を離れていますし、大阪で働くところも少なくなっています。しかし「神戸で住む」はあまり変わらずに残っているように思います。神戸のニュータウンから大阪に通勤する人もたくさんいますし、阪神淡路大震災後東灘区には多くの転入者を迎えています。

高度な技術者や研究者は教育熱心で、良い住環境を必要としています。神戸は医療産業都市を標榜していますが、神戸の高い教育環境と素晴らしい住環境が、陰ながら良い作用を及ぼしていることと思います。

大震災前に、神戸のまちや建物をそのままパビリオンに見立てた「アーキテクチャー・フェア」を催しました。その時のキャッチフレーズの一つに「住みだおれのまち・神戸」はどうか、との案がありましたが、震災後に「家が倒れるイメージがあるので良くなかった」との反省の声がありました。これは大阪の食いだおれ、京都の着だおれに対して神戸を住みだおれにしようとしたものでした。良い住環境を求めて高所得者が移り住むことは、都市の財政を潤しますし、良い住宅は、周辺にも良い環境を与えます。進んで良い環境を守り育て、住宅都市神戸を標榜しましょう。

神戸は重厚長大の都市から、ファッション都市など、都市のビジョンをつくり変えてきましたが、これからは、住宅都市神戸も目指す都市のビジョンの一つになるのではないかと思います。

「神戸の住宅地と住宅」関連年表

年	神　戸	住　宅　地・住　宅	備　考
明治元年	神戸港開港	居留地工事完成	
明治６年		第一次山手新道開設	
明治７年	鉄道開通・住吉駅		
明治14年		居留地・15番館	
明治21年	山陽鉄道開通・垂水駅		
明治22年	神戸市発足	関西学院、原田の森で開学	
明治28年		英国人グルームが六甲山開く	
明治30年		異人館建設進む	田園都市論
明治32年	居留地返還	耕地整理法制定、兵庫運河完成	
明治34年	湊川付替工事完成		
明治36年	六甲ゴルフ倶楽部開場	北野・萌黄の館、須磨・住友邸	
明治38年	阪神電気鉄道開通	住吉で住宅地開発	
明治40年		トーアホテル開業 舞子・武藤山治邸	
明治42年		耕地整理法改正、北野・風見鶏の館	阪急・室町開発
明治43年	兵庫電気鉄道		兵庫－須磨間開通
大正２年	国鉄・芦屋駅開設		
大正４年	有馬鉄道開通	舞子・日下部邸	
大正６年	兵庫電気鉄道・垂水駅		
大正７年	米騒動		東急・田園調布開発
大正８年	公設住宅議案	寺池・重池等埋め立て	都市計画法
大正９年	阪急神戸線開通	市街地建築物法、共同宿泊所開設 須磨・西尾邸	佐藤春夫・美しい町 須磨町合併
大正10年		岡本の住宅地経営、松原公設住宅着工	
大正11年		この頃高丸丘開発、重池公設住宅竣工	神戸高等工業学校
大正12年		深江の文化村	関東大震災
大正14年	住宅組合法	この頃、好文園	近隣住区論

昭和２年	不良住宅改良法		鈴木商店倒産
昭和３年	神戸有馬電鉄開通	小部経営地	芦屋・六麓荘
昭和４年	表六甲ドライブウェイ完成	関西学院、西宮へ移転	ラドバーン開発 東部１町２村合併
昭和５年	市会・裏山開発調査委員会	御影・小寺邸	昭和恐慌
昭和６年		鈴蘭台で健康住宅展覧会 須磨・室谷邸	六甲ロープウェイ開業
昭和７年	小部から鈴蘭台駅へ	ジェームス山開発	六甲ケーブル開業
昭和10年	再度公園開園	修法ヶ原道路完成	不良住宅地区改良法
昭和12年	神戸電鉄・鈴蘭台－広野間開業	六甲山系風致地区	
昭和13年	新都市構想	神戸市近郊の区分調査 復興計画策定	阪神大水害
昭和16年	野田文一郎市長	森林植物園開園、住宅営団法	垂水町合併
昭和17年	大港都建設計画	幻の鉄軌道計画	
昭和19年	特別不動産資金制度		東南海地震
昭和20年	中井一夫市長、国の復興計画	多聞などの用地買収	神戸大空襲
昭和21年	市の復興計画	市営住宅 890 戸建設	地代家賃統制令
昭和22年	小寺謙吉市長	六甲ハイツ　128 棟	西北神２町８村合併
昭和24年	原口忠次郎市長		新制大学発足
昭和25年	神戸博開催	住宅金融公庫法、市単独住宅	本庄、本山村合併
昭和26年	神戸電鉄・三木－小野間開業	公営住宅法	道場、八多、大沢村合併
昭和29年	東部海面埋立て開始	土地区画整理法	
昭和30年		日本住宅公団法	長尾村合併
昭和31年	六甲国立公園指定	鴨子ヶ原区画整理、公団・みかげ団地	
昭和32年	三宮へ市役所移転	高倉山造成開始	
昭和33年		六甲ハイツ接収解除	淡河村合併
昭和35年	住宅地区改良法	東舞子団地完成	
昭和37年	背山総合開発計画	裏六甲有料道路開通	千里ニュータウン入居

年	神　戸	住　宅　地・住　宅	備　考
昭和38年	新住宅市街地開発法	唐櫃団地着工	
昭和39年		明舞団地入居、多聞団地分譲	東京オリンピック
昭和40年	神戸市総合基本計画(マスタープラン)	西神ニュータウン計画 住宅供給公社	さんちかタウン
昭和 41 年	住宅建設5ヶ年計画	ポートアイランド着工	
昭和42年	六甲山トンネル開通	北須磨団地入居、北神水道給水開始	集中豪雨
昭和43年	神戸高速鉄道開通	鶴甲団地入居	
昭和44年	宮崎辰雄市長	名谷ニュータウン着工	西神戸有料道路開通
昭和45年	生活環境基準	市住L型住宅	千里万博開催
昭和47年	人間環境都市宣言	西神ニュータウン、六甲アイランド着工	山陽新幹線開業
昭和48年	北区発足	高倉台入居、市営中層住宅増築	石油ショック
昭和49年	神戸市建築文化賞創設	玉津区画整理完了	
昭和50年		西神戸ニュータウン入居 ひよどり台入居	五色塚古墳の復元
昭和52年	市民の福祉条例	地下鉄・新長田－名谷間開通	異人館ブーム
昭和53年	都市景観条例	北神急行電鉄計画	
昭和55年		ポートアイランド入居	
昭和56年	ポートピア'81	名谷 28 タウンハウス	
昭和57年	西区発足	西神ニュータウン入居 和風タウンハウス	
昭和59年	総合運動場完成	神戸市住宅供給公社日本建築学会賞受賞	
昭和60年	ユニバーシアード	学園都市入居	
昭和62年	地下鉄全線開通	地域特賃制度	
昭和63年	北神急行電鉄開通		
平成元年	笹山幸俊市長		市政 100 周年
平成 2 年		神戸北町・北神星和台・藤原台入居 シアトル・バンクーバー村完成	人口 150 万人突破
平成 5 年	アーバンリゾートフェア	アーキテクチャー・フェア神戸 西神南ニュータウンまち開き	
平成 7 年	阪神淡路大震災	鹿の子台入居 仮設住宅 32,346 戸建設	
平成12年		上津台入居	
平成13年	矢田立郎市長		

平成17年		西神南・井吹台北町入居	
平成22年		舞多聞入居	
平成24年	西区誕生 30 年	西神入居 30 年	縁卓会議 in 西神

参考文献

1　神戸の住宅地前史

仲彦三郎編　『西摂大観』　1911 年

文化財建造物保存技術協会編『重要文化財箱木家住宅（千年家）保存修理工事報告書』眞陽社　1979 年

『阪神電気鉄道 80 年史』阪神電気鉄道　1985 年

『神戸の茅葺民家・寺社・民家集落』神戸市教育委員会　1993 年

『三田市史 10 巻　地理編』三田市　1998 年

2　神戸の住宅地開発の胎動

江見水陰『唐櫃山』第 6 巻　第 9 編　文芸倶楽部　1900 年

西村伊作　『楽しき住家』警醒社書店　1919 年

『阪神急行電鉄 25 年史』阪神急行電鉄株式会社　1932 年

『補修　神戸区有財産沿革史』　神戸市神戸財産区　1941 年

住宅問題研究会　『住宅問題』　相模書房　1951 年

読売新聞神戸支局編『神戸開港百年』　中外書房　1966 年

『京阪神急行電鉄 50 年史』　京阪神急行電鉄株式会社　1959 年

兵庫県教育委員会　『郷土 100 人の先覚者』兵庫県社会文化協会　1967 年

『神戸電鉄 50 年のあゆみ』　神戸電鉄株式会社　1976 年

『三菱造船所 75 年史』　三菱造船所 75 年史編集委員会　1981 年

『異人館のあるまち神戸・北野山本地区伝統的建造物調査報告』　神戸市　1982 年

神戸ツーバイフォー研究会『ツーバイフォー・ハンドブック』鹿島出版会　1985 年

山口廣・編　『郊外住宅地の系譜　東京の田園ユートピア』　鹿島出版会　1987

『神戸電鉄 60 年史』神戸電鉄株式会社　1987 年

田中真吾・編著『六甲山の地理　その自然と暮らし』神戸新聞出版センター　1988 年

神戸市住宅供給公社編『ツーバイフォー輸入住宅』井上書店　1990 年

稲垣足穂『タルホ神戸年代記』第 3 文明社　1990 年

佐藤春夫『佐藤春夫　ちくま日本文学全集』筑摩書房　1991 年

『関西学院史紀要　創刊号』　学校法人関西学院　1991 年

安田孝　『郊外住宅の形成大阪—田園都市の夢と現実』株式会社 INAX　1992 年

『兵庫のまちと建築』兵庫県建築士会　1992 年

『神戸電鉄 70 周年記念誌　最近 10 年の歩み』神戸電鉄株式会社　1998 年

角野幸博　『郊外の 20 世紀　テーマを追い求めた住宅地』学芸出版社　2000 年

田中修司『西村伊作の楽しき住家—大正デモクラシーの住まい』はる書房　2001 年

『神戸—そのまちの近代と市街地形成』こうべまちづくり会館レポート SORA Vol. 5

2010年
神戸外国人居留地研究会・編『居留地の街から・近代神戸の歴史探究』神戸新聞総合出版センター　2011年

3　昭和初期から終戦まで

『建築と社会』日本建築協会誌　XIV　建築協会　1931年
『神戸市近郊ノ区分調査ニ就テ　産業調査資料第八輯』神戸市産業課　1938年
『本山村史』本山村誌編纂委員會　1953年
毎日新聞神戸支局編『六甲山を切る　水禍の根源にメス』中外書房　1969年
『営繕年報‘70　公共建築のあゆみ』神戸市　1970年
市居嘉雄『谷崎潤一郎の阪神時代』曙文庫　1983年
『兵庫の町並み‘85』兵庫の町並み’85　編集委員会　1985年
大海一雄『神戸市住宅政策の系譜』流通科学大学論集　1999～2000年
『神戸市水道百年史』神戸市水道局　2001年

4　戦後の住宅地開発

米太平洋総司令部技術本部設計課設計『DESIGN BRANCH JAPANESE STAFF』
商工省工芸指導所編『デペンデント　ハウス連合軍家族用住宅集区　建築編･家具編･什器編』技術資料観光会発行　1948年
『山田郷土誌（第2篇）』山田郷土誌編纂委員会　1979年
小泉和子編『占領軍住宅の記録』住まいの図書館出版局　1999年
新修神戸市史編集委員会・編『新修神戸市史　行政編Ⅲ　都市の整備』神戸市　2005年

5　団地からニュータウンへ

『神戸市背山総合開発計画』神戸市　1962年
『神戸市総合基本計画』神戸市　1965年
『新・総合基本計画』神戸市　1976年

6　人口からみた神戸の住宅地

『計画的開発団地における方策検討調査報告書』神戸市　2005年

7　主要20団地の人口推移

国勢調査
『吉田、森友のあゆみ　神戸市玉津土地区画整理事業の記録』1978年
『池上のまちづくり　神戸市池上特定土地区画整理事業の記録』1987年

8　阪神淡路大震災と新住宅開発地

『阪神・淡路大震災・神戸復興アンケート　調査結果』神戸市　1996年

『阪神大震災と西神ニュータウン』西神ニュータウン研究会　2005年
大海一雄『西神ニュータウン物語』神戸新聞総合出版センター　2009年
大海一雄『須磨ニュータウン物語』神戸新聞総合出版センター　2012年

9　神戸の住宅地に系譜はあるか
『ニュータウンガイド』県住宅建築総合センター　1984年
大海一雄『神戸・環境と住まいの100年』TOMORROW'S 大日本土木　1985年
『日本のコモンとボンエルフ　工夫された住宅地』住宅生産振興財団　2001年

10　住宅地の名前
落合長雄編『神戸市小字名集』神戸史学会（歴史と神戸）　1979年

11　住宅地・路上探検
『有野町誌』神戸市有野厚生農業協同組合　1988年
角野幸博編『近代日本の郊外住宅地』鹿島出版会　2000年
長尾町誌編さん委員会『長尾町誌』長尾町自治会　2005年
水内俊雄、加藤政洋、大城直樹『モダン都市の系譜』ナカニシヤ出版　2008年
『八多町誌』八多町誌編纂委員会　2008年

12　むすび
大海一雄「緩やかに成熟する西神ニュータウン」『住宅』日本住宅協会　2011年11月号
大海一雄「ニュータウンをふるさとに（対談）」『建築士』 2013年8月号

あとがき

この本の経緯

この本のテーマは長い間温めていたもので、原稿は平成11年の神戸国際大学との合同講演会や、平成12年の歴史文化学会で発表したものがベースになっています。ニュータウンを長い間研究してきた者として、いったい神戸の住宅地はどこから来たのか、どんな系譜があるのかを探りたかったためです。

今まで北野や阪神間の住宅地の研究はたくさんありますが、北神戸や垂水の住宅地に触れたものはほとんどありません。関西の住宅地の文献も大阪が中心で、阪急岡本の開発が年表で書かれるくらいです。このような事情から、神戸の住宅地の文献が大変少ないのも無理もありません。しかし調べてみると、意外と面白い発見がありました。

神戸市は、鈴蘭台方面の六甲山のいわゆる“裏山”に早くから興味を持ち、調査をしていることがわかりました。また鈴蘭台経営地の懸賞募集作品も、建築雑誌で発見できました。また垂水の住宅地も調べましたので、戦前の住宅地の歴史では、北区と垂水区を主として取り上げることになってしまいました。前著『西神ニュータウン物語』と『須磨ニュータウン物語』は西区と須磨区でしたので、あわせて神戸の主な郊外の住宅地をとり上げたことになります。できるだけ内容がダブらないように気を付けました。できれば合わせて読んでいただければ幸いです。

北区の旧有馬郡は、地形的にも歴史的にも三田と関係が深いので、神戸との関係を人と建物で物語のように組み立ました。その一つとして、三田の屋敷町をニュータウンのルーツに見立てました。そこに西村伊作設計の家が残っているので見に行きますと、道路上に元良《もとら》勇次郎の生誕地の石碑が立っていました。この人は明治時代の有名な心理学者で、その子息の元《もと》良勲《らいさお》氏が私の恩師で、大変懐かしく思いました。

私の「わが住まいの記」

昔のことを調べて書いていくと、時々自分史と重なってくることがあります。住宅問題の大家だった西山卯三先生は『わが住まいの記』という、自分史からみた住宅問題の好著がありますが、私もそんな気分になることがあります。歩道と車道の融合で、ボンエルフという方法がありますが、私の子どもの頃の大阪は、家の前の道路は子どもたちが占領していて、車が遠慮して通っていたのを思い出しました。

その家も戦災で焼かれて、初めて厳しい住宅問題に直面しました。旧制中学校へ入ると、学徒動員で疎開地をつくるために家を潰しに行きました。これは自分の家を失くした者にとって、大変悲しい仕事でした。そこで職業を選ぶときには、躊躇することなく家を建てる仕事を選びました。

その後、大阪でバラックを建てて住んでいましたが、昭和 32 年に住宅金融公庫から 11 万円の融資を受けて家を増築して結婚しました。そのまま神戸へ通うつもりでしたが、千里の万博前の天六のガス爆発で交通が混乱し、遠距離通勤という住宅難に直面しました。結局母を一人残して神戸へ転居することになりました。その頃千里ニュータウンの開発が進んでいいて、もし大阪に勤めていたなら、ぜひ住みたいところでした。

その当時神戸では、明舞団地、渦が森、芦屋浜が私には入れそうな団地でしたので、家族 4 人で回りました。娘は小学校 6 年でしたが「どこでもいいけれど芦屋浜はいやや」と言ったので一つは脱落し、残りは明舞と渦が森となりました。どちらも価格は同じくらいでしたが、明舞は 4DK で渦が森は 3DK で迷っていましたが、息子がどう思ったのか渦が森を選んでくれました。

渦が森は景色が良くて快適でしたが、息子が中学校に進むと社会性が出てきて「お父さん、どうしてうちの家は狭いの」というのです。住宅難の狭小過密居住です。そこで近くで開発していた住吉台の斜面住宅に移りました。ここも良かったのですが、家族で体の不自由な者が出て、長い階段が無理となって名谷のタウンハウスへ移りました。タウンハウスは私が公社の仕事で勧めていたので、自分も体験しようとしたのも一因です。

ところが母が高齢になって、同居しなければならない時期を迎えました。しかし、タウンハウスは増築できないので、仕方なく西神の戸建てタウンハウスへ移りました。しかし転居1週間後に、一度も新居に来ることもなく母は亡くなりました。

竹の台の家には何の不満もなく17年間過ごし、その後いまのマンションに転居しました。これには2つの理由があります。

流通科学大学を定年退職後、西神ニュータウン研究会を立ち上げ、その中で高齢者の若い世帯への「住み替え」を提案していました。しかし自分でも実験しないと、単なる評論家に終わると思っていたところ、駅前にマンションができました。そこでモデルルームを見に行きますと、なんと玄関の框に段差がないオールフラットでした。私は平成10年に『家に床下は必要か…平地式住宅のすすめ』という本を書き、玄関框の高さを無しにするように主張していましたので喜んで転居しました。幸い元の家は、希望通り若い世帯に引き継ぐことができましたので、ささやかな私の二つの実験は成功しました。

このように神戸の住宅地とは、仕事だけでなく自分の住まいとしても深く関わってきました。しかしこのあたりで、そろそろ私の「住宅双六」も終わりたいと思っています。

前著とともに

このようにして、期せずして神戸のニュータウンの3部作となりました。

出版にあたってはまた神戸新聞総合出版センターにお願いすることになりましたが、編集は３度共、西香緒理さんに担当していただき、ありがたく思っています。

この本と前著が、神戸の郊外住宅地に住む人たちの地域への関心を高めていただく一助になれば、これにまさる喜びはありません。

2013年７月

大海　一雄

大海 一雄（おおうみ　かずお）

昭和7年、大阪生まれ。昭和30年、大阪工業大学建築学科卒業後、神戸市で市営住宅や公共建築を担当（昭和30～50年、平成元～5年)、神戸市住宅供給公社で分譲住宅を手がけ、わが国初の輸入住宅村も建設（昭和51～平成元年)。神戸大学非常勤講師（昭和59～62年)、神戸地下街株式会社（平成5～8年)、流通科学大学商学部教授（平成8～13年)、兵庫県建築士会会長（平成13～17年）などを歴任。

現在、西神ニュータウン研究会代表世話人、NPO法人・ひょうご新民家21理事長、NPOグレーター西神音楽ネット監事。兵庫県建築士会顧問、日本建築学会終身正会員、都市住宅学会会員。

著書に『タウンハウスの実践と展開』（編著、鹿島出版会)、『ツーバイフォー・ハンドブック』（共著、鹿島出版会)、『高齢化社会の住宅』（共著、一粒社)、『少子高齢時代の都市住宅学』（共著、ミネルヴァ書房)、『阪神大震災と西神ニュータウン』（編著、西神ニュータウン研究会)、『家に床下は必要か―平地式住宅のすすめ』（単著、メタモル出版)、『西神ニュータウン物語』『須磨ニュータウン物語』（単著、共に神戸新聞総合出版センター)、など。

神戸《こうべ》の住宅《じゅうたく》地《ち》物語《ものがたり》

２０１３年9月26日　第1刷発行

著　　者　大海《おおうみ》　一雄《かずお》
発 行 者　吉見 顕太郎
発 行 所　神戸新聞総合出版センター
〒650-0044 神戸市中央区東川崎町1-5-7
TEL 078・362・7140㈹　FAX 078・361・7552
http://www.kobe-np.co.jp/syuppan/
編集担当　西 香緒理
デザイン　MASAGAKI
印　　刷　株式会社チューエツ

© Kazuo Oumi 2013. Printed in Japan
ISBN978-4-343-00769-8 C0025
乱丁・落丁本はお取替えいたします。